目次

PART 2　巨大隕石の遺伝子情報

付録　高天原の歴史　神話は真実を物語る

はじめに

私のペンネーム、富士山ニニギですが、もともとは、ソーシャルネットワークのｍｉｘｉのハンドルネームとしてつけました。

今から3年前、２０１1年3月11日、その日のことでした。

少し前から宮城県沖で続いている群発地震が陸地に近づいていました。これが陸地の近くで発生すると、大きな災害となります。

気にしていたところ、11日の午前2時に、初めて内陸部を震源とした地震が発生しました。

「これはたいへんなことになるぞ……」

昔から地震の研究をしていた私は、朝9時頃にｍｉｘｉの「つぶやき」に書きました。

「仙台に大きな地震が来ます。避難してください」

そして家を出たら、今度は富士山が水蒸気を噴いています。

「まずい……」

富士山の噴気は大地震と関係しているのです。すぐにつぶやきに追加しました。

「富士山から噴気。必ず地震が来ます」と。

そして迎えた午後2時40分。やはり、大地震が発生しました。

その日の夜は、私が住む静岡の富士宮では夜中の2時まで停電でした。

仕方がないので、電気のついている甲府市の温泉で夜を過ごし、翌日に、よく行く日帰り温泉に行って、地震後初めて携帯電話でｍｉｘｉを開きました。

「何だ、これは……」

日記のコメント欄がパンクしています。1分間に60件以上のアクセスがあり、1日で10万件近いアクセスがあったのです。

なにがあったのかと思っていたら、いつもの友人がコメントをしてくれました。

「あなたが地震を予告して、それが当たったとネットで大騒ぎになっている。実際に避難したおかげで助かったという仙台の人もいるそうだ」と。

とんでもないことになってきました。2日前からの地震を見ていれば、大地震など誰でもわかることなのです。それなのに、かくして「富士山ニニギ」はｍｉｘｉ日記の人気の書き手となったのです。

私は、自然現象を観察するのがとても好きです。小さいころから台風や地震の研究をしていました。

太平洋戦争末期、私の父は旧日本陸軍の中尉で、陸軍の原爆開発のプロジェクトリーダーでした。戦時中は、旧満州国とロシアとの国境で小さな研究室をつくって、新型兵器を開発していました。

そこで、ロシアの戦車を壊滅させる新型地雷（火炎瓶）を開発しました。普通は爆薬で破壊させるのですが、戦車は丈夫で破壊は難しいため、火炎瓶で下から火をつけてあぶるという兵器をつくりました。敵は火にあぶられて灼熱地獄のようになった戦車の中から逃げ出してくる。そこを狙い撃ちするという計画のための兵器でした。

その開発によって勲章をもらい、東京に戻ると、次は陸軍の秘密兵器開発を命ぜられました。原爆の開発です。

しかし、最初から設計図はあったそうです。ウランを濃縮して簡単にできてしまいました。実際に原爆を製造したのは東大の仁科教授と言われていますが、仁科教授は高齢で、研究には直接タッチしていなかったそうです。

実際の作業は、父と仁科研究室の研究員たちで行っていました。当時は原子力については日本が一番進んでおり、アメリカよりも先に完成させています。しかし、これを実際に人の上に落とすとは、考えが及んでいませんでした。

この地下秘密工場は、巣鴨の陸軍大本営といっしょにありました。上をカモフラージュのために畑にしろと母が任命されて、近所の人も動員してサツマイモ畑にしました。

収穫してみると巨大なサツマイモができていて、食糧難のときでしたから近所に大いに喜ばれたそうです。今でも母が話してくれます。

父は何回となくウラン濃縮に失敗し、爆発で何回も眼鏡を割って帰ってきたそうです。かなりの被曝だったに違いありませんが、普通に電車に乗って家に帰っていました。父はたび重なる研究室での爆発による被曝者だったので、その後に生まれた私は「おまえは白血病になるかもしれない」と小さいころから言われていました。確かに鼻血はよく出る方で、そのたびに白血病かと心配しました。

でも、その父も93歳まで生きて10年前に亡くなりました。

亡くなる前に父が言っていた言葉があります。

「放射能は一瞬にして何十万人の命を奪う。しかし、使い方によっては何百万人の命を救うこともできる」と。

この言葉は私の心の奥底まで響いていました。

命を救うとはなんだろう。あのときは、父自身さえもわからず語られた言葉のようでした。

それが、今、現実となりました。ラジウム石を中心とした自然放射線は、生命体の細胞分裂に重要な働きをし、いかなる病も治せることがわかったのです。

気がついてみれば、生命とは放射線の中で発生し、永遠に繰り返す細胞分裂こそ核分裂であり、生命こそが放射線によってできているものなのです。

ラジウム石に含まれる自然放射線こそが私たちをつくったもとであり、生命信号だったのです。異常化した細胞を元に戻し、病気から解放することもできるのです。

さあ、私の見つけたこのラジウム石であなたも健康を取り戻し、不老長寿で生き延びようではありませんか。

ラジウム石との出会い

今から１８００年前、武内宿禰《たけのうちのすくね》は天皇にラジウム石の使い方を伝授する役割をもち、自らも３５０歳という年齢まで生き長らえ、五代の天皇に仕えたという記録があります。

徐福伝説にある「富士山にある不老長寿の妙薬」とは、このラジウム石のことだったのです。

天の岩戸

私は歴史は苦手でした。日本史についてはまったく知識がありません。その私が今、日本の古代史を書いています。不思議なものです。何もしていないのに、次から次へと行く場所が頭の中で指示されるのです。

そしてその場所に行く。すると、そこにまつわる歴史が走馬灯のように浮かんでくるのです。歴史の知識のない私には、何の疑問もなくそれが受け入れられます。そして出来上がった日本の古代史。それは、今の教育で教えるものとはまったく違った世界です。しかしその場所に行くと、確かに証拠があるのです。

日本の歴史というものは、歴史小説家の小説が史実となり、それをもって教育され、固定観念として植え付けられます。そこに真実の歴史があっても、決してそれを見ようとはしません。歴史の教育は、真実を見る目を失ってしまうのです。歴史嫌いの私には一切の先入観は無く、すんなりと目の前の現実を受け止められ、真の歴史が見えてくるのです。

私の歴史の話はすべて、その本人のお墓や関係する場所に行って、その証拠が示されているのです。何か不明な点があっても、自然とその答えは示されてきます。

こうして日本の歴史を紐解いてみると、今の歴史についてはそのほとんどが歴史小説家によって作られたものである事がわかってくるのです。

日本の歴史はすべて、その根底に高天原《たかあまはら》復興の願いを持った天皇家の歴史があり、人類に示された生命の秘密を伝えようとしているものなのです。それを単なる権力争いととらえ、勝手にねじ曲げてしまうのでしょう。

私は歴史嫌いということで、固定観念をまったく持っていなかったために、歴史の深層まで踏み入る事ができたのでしょう。

今私は、富士にあったと思われる高天原の研究をしています。私の経営しているキャンプ場には高天原時代の遺跡が多く、特に天岩戸は圧巻です。本物の天照大神様がお隠れになった場所です。

２００４年６月13日、私はその岩戸を開くことに挑戦し、公開イベントとして知り合いのテレビ番組制作会社とスポーツ新聞の記者を呼びました。そして、岩戸は開かれました。実際に二十トンはある大岩を、私一人で動かしたのです。その映像は、テレビ局のカメラに収められました。しかし、テレビで奇跡を放映することはできません。お蔵入りとなりました。

たいへんな奇跡の数々が起こったのですが、そのことは後の機会に譲ることにしましょう。

この岩戸開きから、私の頭にはニニギという言葉が出てくるようになりました。しかし、ニニギという言葉をいくら調べても分かりませんでした。ただ、「お前はニニギ」と頭の中で言うものですから、自分の名前にいただきました。後日になって、ニニギ尊という神皇が高天原にいたことを知ったのです。最初は何も分からず、ギャグとして使っていたのです。それで、自分のペンネームを「富士山ニニギ」としています。こんな古代史の研究から、２００８年10月、昔、人穴信仰の本拠地だった溶岩洞穴人穴の近くに、三光大社奥宮という謎めいた神社があることを発見しました。

山奥に入ると、半分壊れかけた祠《ほこら》がありました。本殿と、左右に2つの小さな祠。本殿から見て右側の祠を覗いてみたら、大きな石が御神体として鎮座していました。灰色の石に白い斑点があります。（注：この三光大社奥宮について、後にその創設者からお話を聞くことができました。この祠を建てたのは「富士御廟」という宗教団体で、富士講の真髄をいく角行正人の教えの生命の秘密を説くという宗教だったのです。富士講による人穴信仰は、人の生命に関するナゾを説くための教えだったのです。「講」というものは宗教ではなく、教えを説くことなのです）

ふとその前に立った瞬間、すうっと冷たい感じがして「この石からは放射線が出ている」、そう感じたのでした。

その後、この石は山梨県の昇仙峡の奥にある黒富士山の石であることが直観的にわかったのです。以前、そこには行ったことがありましたが、天然記念物となった黒富士の溶岩の露頭がありました。燕岩岩脈《つばくろいわがんみゃく》と呼ばれています。その石であることがわかったのです。

そこで、現地に行ってみました。露頭の場所は、天然記念物であるとの看板がありました。約1100万年前にマグマがゆっくりと冷え固まってできた花崗岩の岩脈が、大規模に露出している状態が学術上貴重であるなどの理由で指定されたそうです。

道の脇に転がっている石を1個だけ拾って持ち帰り、いろいろと調べてみると、この石は花崗岩の一種で「御岳昇仙峡花崗岩」と名前がつけられていました。

結晶の中の石英はすべて水晶に結晶していて、きらきらと光るきれいな石です。ネットで調べているうちに、この石の分析表が出てきました。そこから、灰色の長石部分に微量なウラン235が含有されていることがわかりました。この御岳昇仙峡花崗岩は、そこから放射線を受けて石英が結晶したのが水晶です。水晶捜しの人たちはまずこの石を見つけて、石の空間（晶洞）を探します。その空間に水晶ができるのです。

ニニギ石には水晶が生える

もしかしたらラジウム石ではないか。

そう思った私は、無性に放射線測定器が欲しくなりました。

最初は、５万円前後のものにしようと思っていたのですが、「鉱石の放射線はアメリカのＳＥ社のインスペクタープラスでしか測定できない」というネットの書き込みを見て、それを買うことにしました。

アメリカからの輸入で13万円もしましたが、到着までが楽しみで仕方ありませんでした。測定器が到着してすぐに、この花崗岩を測ってみました。最大値で０、１７μＳｖ（マイクロシーベルト）。期待したほどではありませんが、確かにラジウム石でした。これが、私が最初に手にしたラジウム石だったのです。

さっそく、これを「ニニギ石」と名づけることにしました（カバー折り返しカラー写真参照）

そして、この話を、いつもキャンプ場に来て高天原やムー帝国のお話をしている友人の女性にしてみました。

すると彼女が、「私は子宮筋腫があるので使ってみようかしら」と言うので、そのニニギ石を半分にして渡しました。

そして数カ月後、彼女から連絡があり、「実はあのとき子宮がんでレベル4だったのですが、今日の検診でレベル1になっていました。ありがとうございます」と言われました。

ラジウム石の研究は、東京大学教授の故長島乙吉教授が世界的に有名でしたが、その後研究を続ける人はおらず、長島乙吉博士の本が数万円のプレミア付きで売られているような状態で、現在ラジウム石の研究をしている人はほとんどおりません。

そのため、ラジウム石を研究するためにはゼロからの出発になるのです。

その後、私の研究は奇跡の連続でここまでになったのです。その内容は、末期がんの完治や脳梗塞の治療など、たくさんの実例があります。別に医療行為ではなく、自分でお風呂にいれて入浴するだけですから、誰でもできることなのです。

PART 1
命の起源

生命の起源

生命とはなんでしょう。私は生命とは、永遠に繰り返す細胞分裂のことだと思います。その細胞分裂が止まれば、それが死になります。

では、細胞分裂はなぜ起きるのでしょうか。意外と誰もこれに気がついていません。

実はこれには、自然放射線が大きく関わっているのです。

なぜなら、細胞分裂自体が核分裂だからです。自然放射線なくして生命の存在はなかったのです。

地球は大きな原子炉です。中心部のマントル層では、常に核融合が行われています。当然、そこには放射線が存在します。この放射線を出す物質がマグマとなり、冷えて固まったのがラジウム石なのです。

だから、ラジウム石は火成岩であり、種類としては花崗岩系と流紋岩系があります。花崗岩系にはウランが入り、流紋岩系にはベリリウムが入っていて、微弱ながら自然状態で核分裂を起こし、放射線を出しているのです。

そして、ラジウム石は土となり、その土から今度は酵素を仲介として植物が放射線を受け、放射性カリウムが生成されます。

植物も低温核融合をしています。空気と水から放射性のカリウムをつくり出すのです。

だから、すべての植物は放射性物質でできています。ビタミンが、その代表的な放射性物質です。

生命の誕生

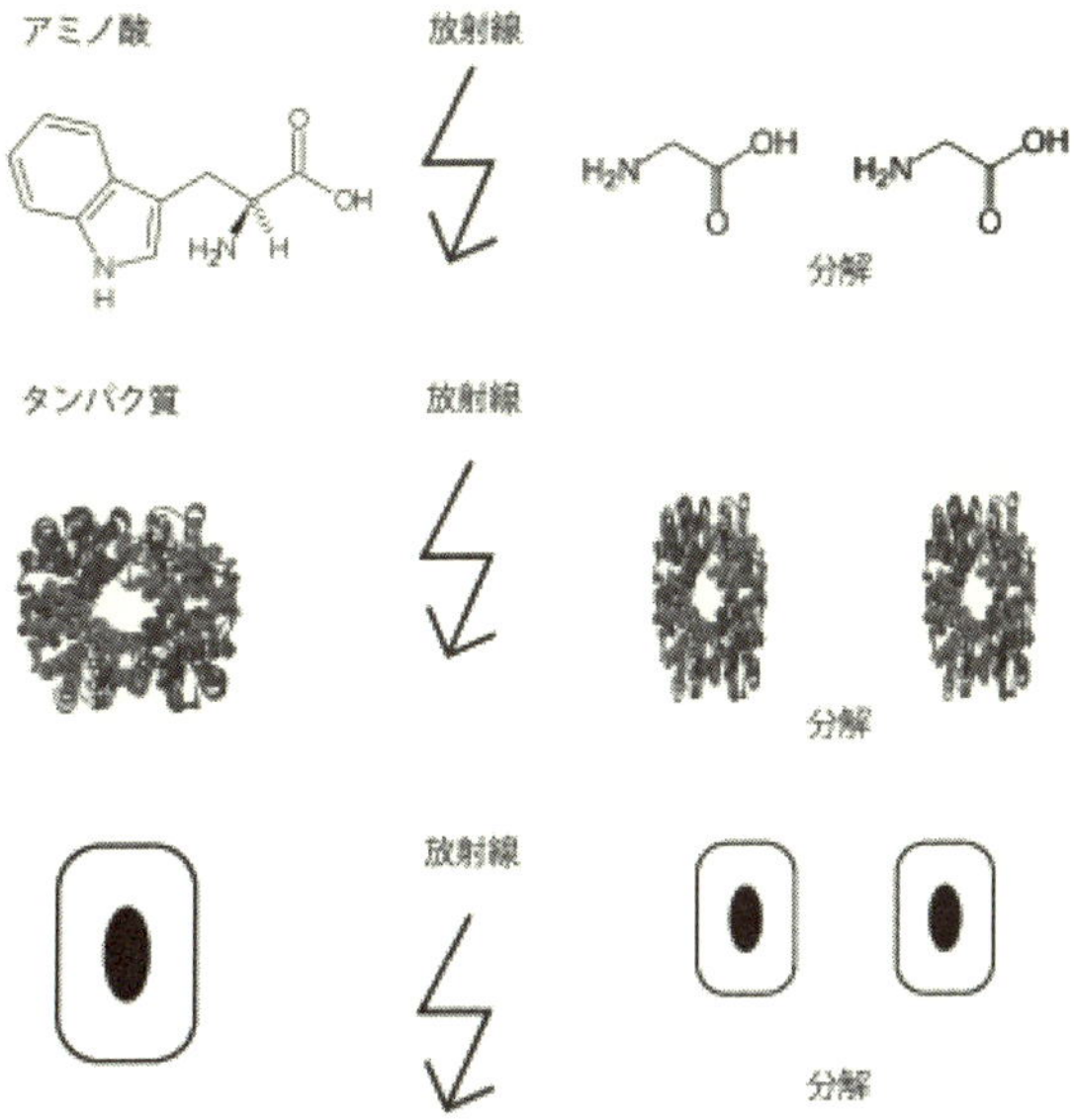

生命とは永遠に続く細胞分裂である。

私たちは、ビタミンから自然放射線を受け、健康を維持しています。私たち生命体は、地面や食べ物から自然放射線を受けなければ、生命を維持できません。

地球の中心、マントルから発生した放射線はマグマとなり、石となります。そして土となって植物に伝え、私たちのもとに還ってくるのです。だから、植物からのビタミンが健康に役立つのです。この自然界の放射線によって私たちの健康を保つことを、「自然治癒力」と呼んでいます。自然放射線は、常に私たちの健康管理をしているのです。

では、生命はどのようにして発生したのでしょうか。

この地球は、かつてはまったく生命のない状態でした。そこに、宇宙からの訪問者、隕石が落下します。大きな隕石は衝突時に大爆発を起こし、高温高圧のエネルギーが原子の核分裂を起こして、放射線を放出します。

隕石の中に生命体の生き残りとして存在していたアミノ酸に、この放射線が当たると分解します。これがもととなってたんぱく質の分解となります。細胞分裂の始まりです。

隕石から出た放射線には、この隕石が前にあった星で生命活動をしていた生命体の情報が載っています。放射線は電磁波(電波)と同じ性質なので、変調といって情報を載せることができるのです。この情報をもとに、この地球に、生命活動が再開されるのです。

だから私たち生命体は、この広い宇宙から飛行船に乗ってやってきたのではなく、隕石に乗って放射線に載った情報としてやってきました。放射線の情報があれば、後はアミノ酸が結合してたんぱく質となり、それが分裂して生命体となっていきます。放射線は、物質を結合させることも分裂させることもできるのです。

隕石の入った花崗岩

山梨県北杜《ほくと》市を流れる尾白《おじろ》川に行くと、不思議な花崗岩を見ることができます。花崗岩の中に、黒い石のかけらが入っているのです。花崗岩は、普通はマグマが地下でゆっくりと冷え固まったものですから、中にできるのはマグマが固まった結晶だけで、石英、長石、雲母から成っています。

だからその石の中に、黒い固形物があるというのはおかしいのです。この黒い石が、マグマに溶けずに存在していたということになるからです。6000℃というマグマの熱でも溶けない石は、地球上には存在しません。つまりそれは、地球外の岩石(隕石)と言えるのではないでしょうか。

この黒い岩石は、高い放射線値を持っています。だからこの尾白川の砂は、何と0、4μSv以上の自然放射線を出すラジウム砂なのです。この砂を持ち帰り、お風呂に入れたらお湯が黄色味がかり、感触はとろとろになりました。

もしかしたら、ものすごいラジウム温泉になっているのかもしれません。

このように、大規模に落下した隕石は、放射線により地球に大きな影響を与え、その放射線は、体に有益でもあるのです。というよりも、その放射線によって体が創られたと考えられます。

しかし、たまに落ちてくる小さな隕石は、その放射線が及ぼす影響がわかりませんので、注意する必要があります。隕石であればなんでもよいというものではありません。太古から存在している大隕石に限っては良いと、はっきりと言えるのです。

自然放射線と人工放射線

放射線が健康を維持していると言いましたが、被曝すれば体がぼろぼろになってしまう放射線もあります。いったい、どう違うのでしょうか。

実は放射線にはα、β、γ、x線などがあり、それぞれの特徴などの解説があります。

しかし、実は放射線は波動であり、電磁波（電波）と同じ性質を持っています。電磁波はその波動に情報が載っているのです。電波に放送が載るのと同じです。これを変調といいます。

電磁波には、必ず情報が載っています。それが「生命情報」か「殺人情報」かの違いです。放射線については、その種類とは関係なく、そこに変調されている信号が生命に影響を与えるのです。これが大事なところです。

私が最初に手にしたアメリカ、ＳＥ社の放射線測定器、インスペクタープラスはその性能と感度がたいへんよく、ラジウム石の微弱な放射線も測定できます。この測定器でラジウム石を測定すると、場合によって空中線量より低いこともありますが、私はいつも最大値を読むようにしております。

姫川薬石などは、30秒間の平均値で、低いときは0、1μＳｖから高いときは0、3μＳｖまで、測定値が変動します。３秒の平均値にするとその変動幅は大きくなり、最大で数μＳｖにもなることがあるのです。

ラジウム石から出ている放射線は、一瞬をとれば0《ゼロ》μSvから数百μSv近くまで変化しているのです。

また、放射線を光に変える装置を見たことがありますが、光はぴかぴかと輝いており、一瞬出る強い光から、強烈な放射線が出ていることがわかります。

この強弱が放射線に変調されている信号であり、生命信号なのです。これにより細胞は遺伝子を決め、分裂していきます。これが生命の根源です。

一方、濃縮などにより変化した人工放射線は、あまり強さが変化をせずにほぼ一定に出ていることがわかります。測定値もあまり変化しません。以前、劣化ウランガラスをブラックライトに当てたら、ただぼわっと光っていました。信号というよりは、ただでたらめに発光しているといった方がいいような状態です。

人工放射線は、その載った信号が生命信号と違ってでたらめなため、生命活動をしている細胞を破壊し、遺伝子を狂わせます。人工放射線を当てると染色体が変化して、テロメア（真核生物の染色体の末端部にあり、その部分の保護をする構造をもつ）の足がでたらめとなり、通常ではない染色体構造になってしまいます。これが、ダウン症です。

だから放射線は、その由来する物質が天然なのか、人工なのかで反対の作用をします。生きるか死ぬかほどの違いなのです。

ホルミシスの実体

かつて、ホルミシス効果と呼ばれるものがありました。しかし、今、この言葉は使われていません。

ホルミシスとは「弱い放射線は体の健康によい」という考え方です。もともと、出どころは医学界で、放射線治療をするに当たり、これがあたかも健康に問題がないかのごとく思わせるために考え出した疑似科学用語だったのです。

医学界では「どのレベルが安全と危険の境なのか」という問題に関して答えが出せていませんでした。医学界は物理学の知識に乏しい人が多く、放射線の性質から情報が変調されることを理解できる人がいなかったようです。物理界では当たり前のことも、医学界ではあまり知られていないのです。

自然放射線はいくら強くても、健康を害することはありません。むしろ、健康を促進します。

一方、人工放射線は微弱でも体の細胞を壊し、遺伝子を傷つけることもあります。細胞の遺伝子、特にその染色体は、放射線でしか変化しないものなのです。遺伝子は放射線で、すべてが決定されています。だから微弱な人工放射線でも、細胞は破壊され、障害が出ることもあるのです。

現状では、この基本的な放射線の働きを理解している人が少ないのではないでしょうか。

放射線は種類により、それに載っている（変調されている）信号がそれぞれあるという点がとても重要です。自然放射線は生命信号を、人工放射線は殺人信号を持っているということです。

iPS細胞

iPS細胞（万能細胞）とは、人が誰でも持っている分裂直前の状態の細胞です。細胞は分裂を起こすとき、何の細胞になるかが決定されます。それを決定づけるものが遺伝子であり、細胞膜の中にあります。したがって、例えば遺伝子が皮膚のものであれば、皮膚の細胞に分裂するのです。iPS細胞とは、その遺伝子が決定される前の状態の細胞をいいます。

しかし、生理学者であっても、人体内で行われるこの細胞分裂の原理をまったくと言ってよいほど理解していません。なぜ遺伝子が決まるのか。誰が遺伝子を決めるのか。どうして決まるのか。これがまったくわかっていないのです。

重要なのはこのことです。iPS細胞などは、経過的状態でしかないのでどうでもいいのです。それを、製薬会社がお金儲けのために人工臓器をつくろうとして、騒ぎ立てているだけなのです。人間の体外で細胞分裂を行えば必ずや遺伝子が欠陥となり、がん細胞になってしまうなどの弊害が出ることがあります。人工臓器などは愚かな発想であると言えましょう。

それは、細胞分裂の原理を理解していないからです。細胞を決定づける遺伝子は、染色体から構成されています。染色体はx型やy型をしたたんぱく質の生体物質で、この組み合わせにより人間や他の動物の成り立ちを決定させているのです。

人は22対の常染色体と1対の性染色体を持ちます。その性染色体は男性がx染色体とy染色体、女性が2本のx染色体を持っています。

遺伝子は放射線によって変化することがわかっています。放射線は細胞分裂で遺伝子を決定づける重要な役割を持ちます。

実際に、遺伝子内の染色体の足（テロメア）が、放射線を受けると変化することがわかりました。知り合いの医師が実験してくれたのです。

姫川薬石を20分ほど手に持つと、テロメアが長くなりました。こうなると、免疫力が向上します。その数値は、今までの医学の常識を超える高さであったと聞いております。

一方、ウラン鉱石を近づけると、今度は逆にテロメアが短くなり、免疫力が低下します。

このように、遺伝子は放射線によって変化し、それに基づいて細胞分裂が行われ、私たちの生命活動となっているのです。

それゆえに、テロメアをでたらめに変化させる人工放射線を浴びると、異常細胞になっていくのです。これが、人工放射線を浴びるとがんになる理由です。また、奇形になる原因でもあります。

ここでいう免疫力とは、がんなどの異常細胞を正常化していく力のことです。人は自然放射線によってその体が守られているのです。また、有害な人工放射線によってバランスを崩したり、病になっているのです。

自然放射線と人工放射線、それは天と地ほどの違いがあります。病気を治すか、病気になるか。

iPS　　細胞内の出来事

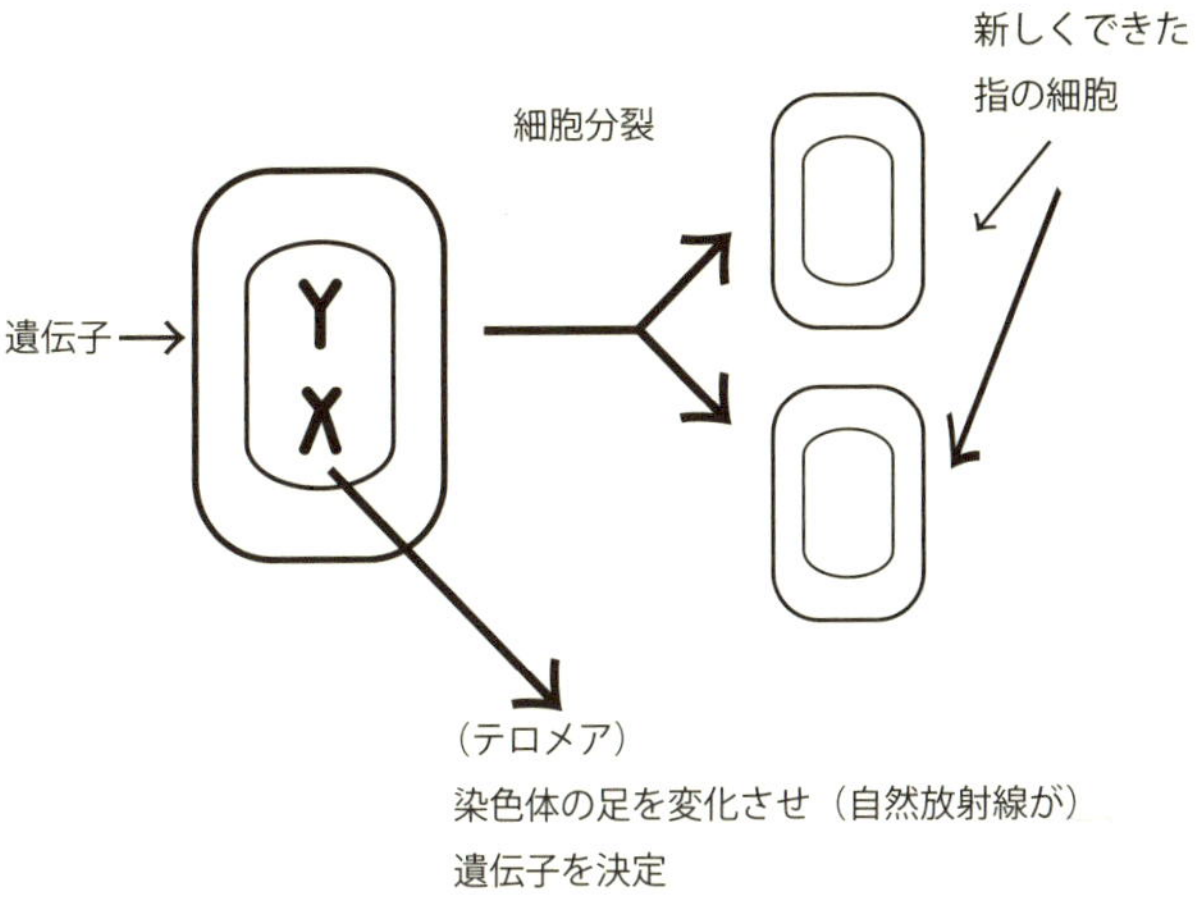

自然治癒 IPS 細胞の決定図

自然治癒

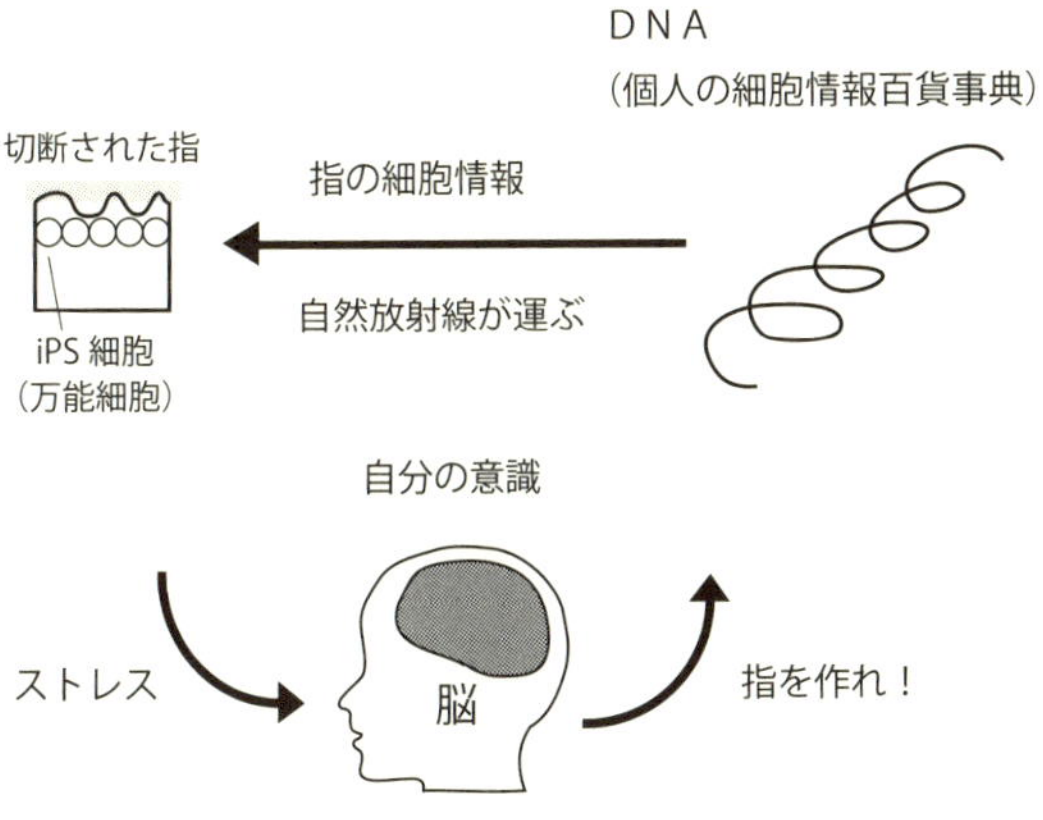

自然治癒の原理図

この放射線の原理がわかれば、あなたはもう病気になることはないでしょう。

ここで少し話を戻して、ｉＰＳ細胞がどのようにして分裂していくのか、考えてみましょう。現在のノーベル賞級の研究でも、いまだにそこは謎となっております。それを解き明かしていきましょう。

人は、体に異常をきたせばそこにストレスを感じます。指を失ってしまえば物を持つときにストレスを感じます。

このストレスは、そのまま自分の持つＤＮＡへと伝えられます。それを受けたＤＮＡ（ＤＮＡは人の身体に関する百科事典のようなもので、すべての遺伝子情報がしまわれています）は、すぐにその細胞情報を取り出します。

そして、その情報を自然放射線に載せて（変調して）ｉＰＳ細胞の遺伝子に伝えるのです。これによって、失われた指は再生するのです。

今の再生医療が、この原理を用いています。失われた臓器にｉＰＳ化した細胞を注入して、後は本人任せで必要な細胞が再生されるのです。

しかし、ラジウム石を使えばそんな面倒な手術は必要ありません。情報伝搬役の自然放射線を強化して、自分のｉＰＳ細胞を使って自然に行えばいいのです。実際は石を当てておくか、石を入れたお風呂に入るだけ、それだけでいいのです。これこそ自然治癒です。

姫川薬石を当てるとテロメアが長くなって、免疫力が向上すると述べました。

では、ウラン鉱石によってテロメアが短くなってしまうというのはどういうことなのでしょうか。

これについては、細胞の再生力を高めることがわかりました。テロメアが短くなることはその細胞の寿命がきていることになります。健康体であればそれは、次の細胞を造る合図になるのです。実際にがんの治療では、免疫力を高めてがん細胞を死滅させる方法と、細胞再生力を高めて新たな正常細胞を造っていく方法があります。けがをしたときに、ウラン鉱石を含む花崗岩系のニニギ石（先述の、山梨の昇仙峡で発見した花崗岩の一種）を絆創膏《ばんそうこう》の上から当てると、20分ほどで皮膚が再生されます。細胞再生速度が約4倍になるのです。

このラジウム石治療で大事なことは、その細胞再生の原動力は自分のストレスであるということです。これはすなわち、け

姫川薬石

がをしたのならなるべく早いうちに、そのストレスが強いほど早く治るということなのです。

例えば、体の一部を失ってから何十年と経ち、それが気にならないようですと、その再生にも時間がかかるということになります。

ニニギ石などは、脳細胞や神経細胞の再生力を強めるのに役に立ちます。脳溢血で倒れた人が、すぐにニニギ石でつくった枕を当てたところ、一晩で完治したこともありました。

小田原で気功、整体をされている先生です。先生はご自身で、ちょうどニニギ石の枕を製作されていたのですが、完成したところで突然、脳溢血となり、半身が麻痺してしまったのです。

ニニギ石のプレート

しかし、その枕を当てて夜を過ごしたところ、翌日には何もなかったかのような体となり、その足で車に乗って報告に来られました。
このように、ラジウム石の細胞再生能力は驚くばかりで、九州の脳疾患専門の病院で完全な植物人間となってしまった方が、2カ月ばかりで再生されたことがありました。ある方が脳梗塞で手術をし、脳の一部を切り取ってしまったために意識は二度と戻らないと宣告されたのですが、枕もとにニニギ石を置いたところ、奇跡の復活をされたのです。

二人部屋で、その隣のベッドには長い間、植物状態のおじいさんがいたそうです。それが、ニニギ石が病室に置かれてからだんだん体を動かすようにまでなり、それに気がつかない家族が生命維持装置を外そうかどうしようかと医師と相談していたら、御本人が暴れ出したというおまけ付きです。

このように、うそのような本当の話があります。

ラジウム石は免疫力を高めてがんなどの異常細胞を破壊する作用と、細胞再生力を高めて失われた細胞をつくる作用があるのです。これが、地球が与えてくれた自然治癒力です。私たちは普段から、大地と植物からこの自然治癒力を受けているのです。

ラジウム石の種類

ラジウム石には、大きく分けて2通りの働きを持つ2種類があります。免疫力を高める流紋岩系のラジウム石と、細胞再生力を高める花崗岩系のラジウム石です。

流紋岩系の石には、その成分の中にわずかなルビジウムが含まれており、その同位元素、ルビジウム87がβ崩壊をしてストロンチウム87になります。ストロンチウム87はそれ自体が安定した元素です。このβ崩壊という自然核分裂が起こるときに自然放射線が発生し、それに生命信号が

炭素（C）の構造

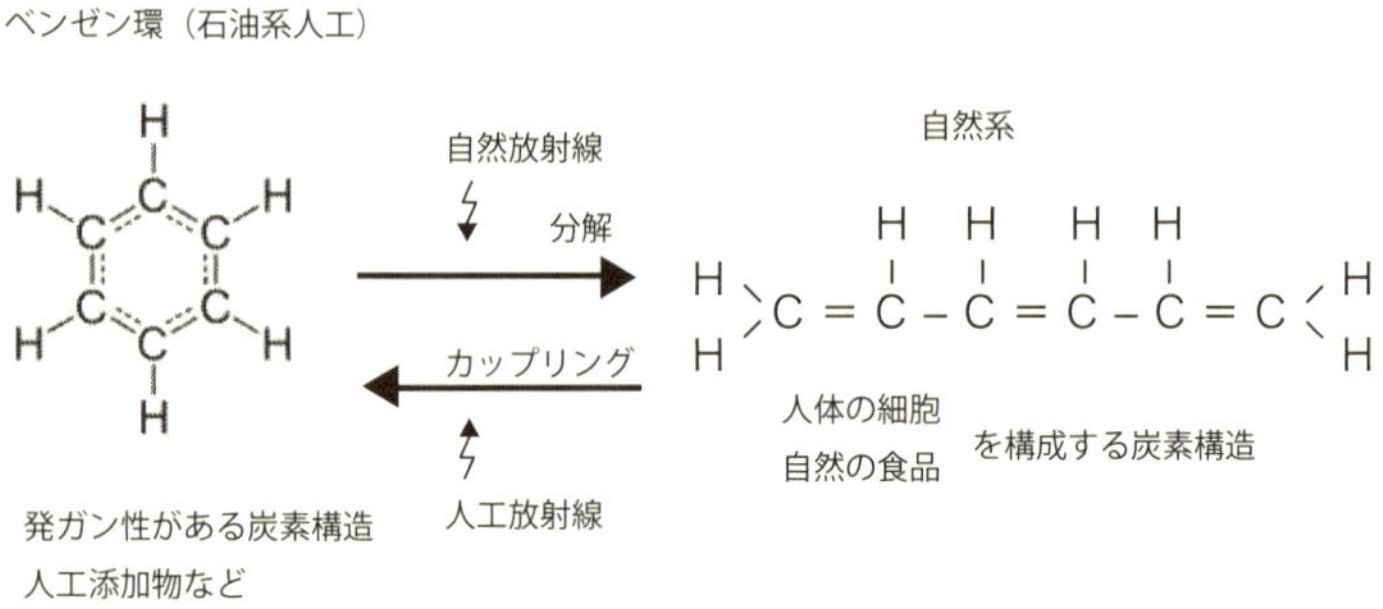

載っているのです。

ルビジウムから出る放射線の半減期は４９０億年と長く、この長さは推定した宇宙の年齢の３倍になるということです。したがって、このラジウム石の寿命は永久的と言ってもいいのではないでしょうか。

この核分裂で出る放射線は、物質を分解する力があり、人体の異常細胞をも分解してしまいます。しかし、不思議なことに、正常細胞にはまったく影響を与えないのです。分解するのは異常細胞だけです。特にがん細胞などは、その異常細胞のもととなっている細胞のたんぱく質内の炭素構造が放射線によって破壊されます。

異常細胞とは、その細胞内の炭素構造が環状になっており（正常細胞は鎖状）、自然放射線はこの環状構造のみに作用するようになっているのです。実は自然界の生命体からできるたんぱく質は、本来、鎖状の炭素構造になっているのです。

一方、環状の炭素構造は、石油本来が持っている構造で、ベンゼン環と言われて発がん物質のもととなっています。環状構造を持った石油系の添加物が入った食品などを食べると、それが体内細胞に取り込まれて異常たんぱく質となり、がん細胞となるのです。したがって、がん細胞とは「石油細胞」と呼んでもいいような、自然界の炭素構造とは違うたんぱく質からできているのです。

自然界の植物のたんぱく質はほとんど鎖状構造の炭素からできており、がん細胞とは根本的に違います。ここに自然放射線が当たると一瞬にしてがん細胞のたんぱく質が破壊されて、がん細胞は死滅しますが、正常細胞には何ら作用しません。だから、ラジウム石でがんが治るのです。

現代医学ではがん細胞を切り刻むだけで、その治療を行うことはしません。人工放射線を当てればがん細胞は同様に分解しますが、周りの正常細胞まで影響し、結果的に二次被曝となってしまいます。そのため、がんの放射線治療をした人で10年以上生き延びる人は少ないと言われています。がんはラジウム石で治療するのが安全と言えましょう。

花崗岩にはわずかにウラン235の放射性元素が含まれています。このウラン235がα崩壊をして自然核分裂をし、放射線を放出しています。この放射線には生命のための重要な生命信号が載っており、生命活動の基本となっております。

また、花崗岩系のラジウム石から出る放射線は遺伝子内のテロメアを短くし、細胞の再生を促す作用があります。これには実に便利な使い道があります。けがをしたときや脳の疾患、失明などのさまざまな疾病治療に使えるのです。

特に失明など、視神経の損傷から来るものには効果的です。今までは、網膜の損傷による失明はその治療が絶望的でありました。それが簡単に治るのです。それも早ければ早いほどよい。ニニギ石を目に当てておくだけでいいのです。

実際に中国・吉林省にある長白山の火口湖の「天池」では、火口に蓄えられたラジウム水で目を洗うと失明が治ると言われております。そう現地の人から教えてもらったのです。

脳疾患においては、たくさんの実例があります。脳梗塞や脳溢血の後遺症でお悩みの方はぜひ試してみてください。驚異の回復力を体験することができます。ニニギ石を枕元に置いておくだけでいいのです。

イエス・キリストは今から2000年前に富士山にあった高天原で、12年間学んだことがあります。このとき「十戒石」といってウラン鉱石を授かりました。彼はこれを使い、病気で苦しむ人々を治し、一躍、宗教家となったのです。石を入れたラジウム水で目を洗うと失明も治りました。そのように奇跡を起こしたのです。

今から考えれば当たり前のことですが、自然放射線の知識のない人から見ればそれは奇跡に見えたのでしょう。

今から6000年前まで富士山に存在していた高天原とは、そんなラジウム石を使った生命コントロールを国の指導者に学ばせることが役割でありました。それが今は忘れられています。天照大神様はこのラジウム石の使い方を伝授することを後世に義務づけました。そのラジウム石は十種神宝《とくさのかんだから》として呼ばれていました。それは現在も残っています。富士山麓の富士宮市にある北山本門寺の奥の天照垂迹堂にしまってあります。天照大神様の遺品を保管してある場所です。

それを管理する石川家（蘇我家末裔）が私の知り合いなので、その実態を聞いてみました。もちろん、一般人は見ることができません。彼の話によると「石がごろごろしている」と言います。一説によると天照大神様は全身に石をまとっていたと言われています。この十種神宝こそ人類の生命の秘密を伝える10種類のラジウム石であったのでしょう。高天原の存在はその生命の秘密を伝えるためであったのでしょう。

ラジウム石の分類

1、流紋岩系ラジウム石

流紋岩は火成岩の中でも非常に種類の多い石です。姫川薬石のように鉄分がきれいな模様になった石から、黒曜石のように真っ黒なガラス風の石もあります。ともに同じ流紋岩系の石です。

また、九州の火山の阿蘇山や桜島などの溶岩もこの流紋岩系の石です。したがって、これらの火山の火山灰からできた土壌（シラス土壌という）は豊かな自然放射線を出す土壌で、作物も大きくて立派なものができます。桜島大根やボンタンなどがその代表です。

そのため、九州は流紋岩系ラジウム石が豊富で、桜島の溶岩などは簡単に手に入れることができます。試しに桜島の溶岩を観測してみたら0、3μSvぐらいの立派なラジウム石でした。

また、軽石として売られている軽い溶岩は桜島の噴火によって飛び出した岩です。以前、鹿児島の海岸に行ったら、満潮にこの溶岩がぷかぷかと海に浮いているという、不思議な光景を見たことがあります。一般に売られている軽石（模造品ではないもの）もラジウム石です。病気になるとこれを食べてしまう人がいるそうですが、害はないものの、あまりお勧めはいたしません。体に当てたりお風呂に入れればいいのですから。

阿蘇の流紋岩

この流紋岩の姫川薬石は、医学では漢方薬の虎石として認められています。その場合は石を粉にして飲用します。消化器系のがんによく効く万能薬として使われています。しかし、この虎石は価格が非常に高く、継続的に飲まねばならないので、お風呂や体に当てるだけの私の治療法の方が安上がりで、一生、使えます。しかも、半減期が４９０億年ですので、いつまでも使えるのです。

以前、知り合いの中国の方が中国にいるお母さんががんなので石を送ってほしいと言われたので、「中国で虎石として売っているよ」と答えました。そうしたら、彼は「中国で虎石はものすごく高くて買えない」と言ってきたので、姫川薬石をこちらから送ってあげました。

中国では、1gが1000円近い値段で、姫川薬石の販売価格の1000倍もしました。しかし、この流紋岩の粉は陶芸用の粘土の材料として売られているのです。九州の天草でとれる天草陶石がこの流紋岩の粉です。阿蘇山から出る火山灰が固まった堆積岩ですが、そのもとは流紋岩ですので、ラジウム石になっているのです。

この天草陶石を粉にしたものを陶芸ショップで売っているので購入したら、10kgが2000円ぐらいと破格でした。10kgも虎石として売ると100万円近くになってしまいます。薬になると薬事法が入り、高くなってしまうのです。製薬会社の利益追求がこのような形になってしまったのでしょう。

2、花崗岩系のラジウム石

花崗岩系のラジウム石は日本全国に点在しています。また、花崗岩のラジウム石のもととなるウラン鉱石もその一部と考えられます。しかし、花崗岩でも地域により成分が違うため、その使い方も多少は違ってきます。

ラジウム温泉と言われる温泉は、この花崗岩質の岩から湧き出ているのが多くあります。山梨県増富温泉や鳥取県三朝温泉、新潟県村杉温泉などがそうです。特に白血病の治療にはこれらのラジウム温泉が効果があり、それは戦後の原爆症対策として国の厚生省も認めたものなのです。

全国のラジウム温泉には昔は「特別効能原爆症」とはっきりと書かれてありました。戦後、厚生省は原爆による白血病対策のため、全国のラジウム温泉に「被爆者治癒センター」をつくり、被爆治癒にあたりました。その最後の別府温泉にあった被爆者治療センターが、皮肉にも原発事故のあった2011年の7月に閉鎖となりました。これにより、日本のラジウム温泉による被爆治療のデータは葬られてしまったのです。今も新潟県の村杉温泉は「白血病治療の温泉」として、白血病の方が通っておられます。

この花崗岩系のラジウム石の利用範囲は広く、傷や体の疾患の再生にたいへん役に立ちます。また、神経に作用するため、痛み止めや消臭、殺菌（ウイルスに対して）にも応用できます。

あと生殖細胞の分裂も促すために生殖機能に大きく作用するので、なかなか妊娠できない人もお腹に当てておくだけで妊娠しやすくなることがあります。また、麻酔が使えない水中分娩時の激痛を抑えるためにも、水槽の中に石を入れると無痛の水中分娩が可能ではないかと思います。ぜひ、試していただきたいものです。

また、花崗岩は記憶装置としても使われていました。墓石としてです。花崗岩から出る自然放射線に人間の波動が変調されて、永遠に本人の情報を遺すことができるのです。だから、花崗岩のことを御影石と呼ぶのです。故人の御影を石に永遠に遺すことができます。お墓に行けば、故人と会うことができるというのはそのためです。

人は死んでもその情報は花崗岩の放射線に刻まれて、永遠に遺すことができます。ラジウム石は意識を持った生命体と同様のものであり、その情報記憶能力は膨大なものなのです。生命体のすべての情報交換は放射線によって行われているのです。石、植物、人間はすべて放射線で結ばれています。

意識を持ったラジウム石

私は新潟県の糸魚川《いとい》の海岸に何十回となくラジウム石の姫川薬石を拾いに行っています。以前は姫川薬石などネット検索でも一切、名前が出てきませんし、現地でもほとんど知られていませんでした。

翡翠で有名なヒスイ峡のある小滝川のふちでただ一軒、姫川薬石を加工している加工所の伊藤さんと、海岸で拾った姫川薬石をアクセサリーとしてコーヒーショップの店頭に並べていた渡辺さん。このお2人しか姫川薬石を扱っている人はおられませんでした。

しかし、今では国道端に何軒もの石の販売所ができて、かつての翡翠ブームを再来させております。石屋さんのおばさんに聞いたら、「静岡から来た人がこれを広めて、今はブームになったのです」と言ってくれました。その静岡の人とは私のことです。

ニニギ石のとれる昇仙峡の奥の黒平にある1軒だけのそば屋に行くと、「昔、静岡でキャンプ場をやっている人がこの石を発見した」と聞かされました。私としては誠にありがたいことです。

私が石を現地に拾いに行く際、一個一個拾うたびに「この石で1人の命が救われる」という思いに駆られます。そうして海岸を歩いていると、ふとある石に気が向かされます。まさに「私を拾ってください」と言っているようでなりません。最初はあまり気にしなかったのですが、何度も行くと必ずそれがあることが分かってきました。そのとき拾った石は自分専用として愛用しています。

こうしてみると、ラジウム石は何か人間に話しかけているような気がするのです。石から出る放射線は人間と触れ合うと変化して返事をしてくれる。そう思えるのです。

ここに不思議な写真があります。ウラン鉱石を拾いに行く山梨県の荒川ダムの奥、板敷渓谷の大滝の写真です。滝の流れる崖全体がウラン鉱石でできており、滝の水が放射線化して周りに青い光が写っています。夜に行くと、この石が青く光ったと言う人もいました。放射線は光としては目に見えないのですが、放射線に載っている信号が光となって可視光線が観察できるのです。ウラン鉱石から出る放射線が見えるわけではありませんが、ラジウム石からは、青とか紫とかいろんな色の光が出ています。特にブラックライトなどを当ててみるとよくわかります。

この滝でウラン鉱石を拾い、家に持ち帰ってお風呂に入れて楽しんでいました。1カ月ほど使って浴槽の写真を撮ったら、今度は青ではなく赤紫色の光が出ていました。光が変化したのです。これは出ている放射線に載った信号に何らかの変化があったことを意味しているのではないでしょうか。

放射線の変化ー1
大滝　青い光が出ている

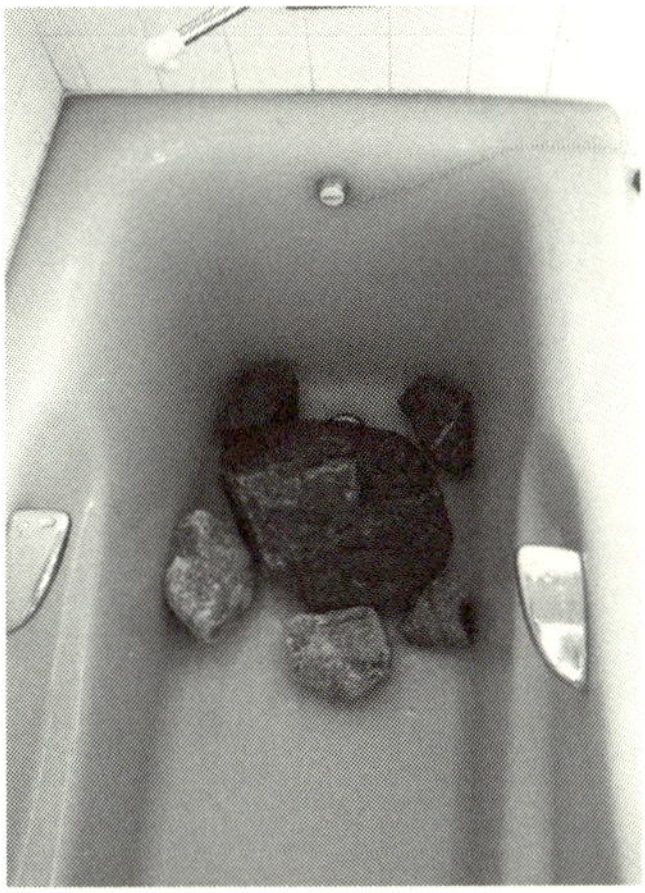

放射線の変化ー2
お風呂の中のラジウム石から
紫の光

ラジウム石から出る放射線に載った生命信号は、人間と関係するとそれが変化することがわかってきたのです。石にも意識があるということです。何とラジウム石は人と触れ合うとその人の体の状態を調べ、それに合わせて治療のための情報を送ってくることがわかったのです。ラジウム石こそ本当の医師（石）だったのです。

それと、ニニギ石を使用してわかったことがあります。ニニギ石を枕の下に入れて寝ると、最初の夜は怖い夢を見て寝ることができませんでした。私の場合は人を殺すような夢ばかりでした。気の弱い人には「こんな不吉な石は要らない」と言われるほどです。

しかし、2日目からは精神が安定し、熟睡できました。今度は石がないと眠れなくなるのです。それは、最初、石が脳の中の診断をしているため、情報をとられる脳が変な働きをするということなのでしょう。石は脳の診断を終えるとすぐに異常を補正する信号を送ってきます。それにより病気が治るのです。

石は誤診をしません。もともと絶対的な地球の生命基準信号を持っています。それに基づいて人間の体の異常を治してくれるのです。自然界の仕組みのすばらしさを感じます。

すべての生命体は、大地がよこす自然放射線で命を保つようにできていたのです。私たち人間はその大地の仕組みを壊し、自然放射線までいじり、その結果、自ら病気になっていたのです。自然界を正常に保っていたならば、病気は存在しなかったでしょう。この地球は大きな一体の意識体です。人間はその一細胞にすぎないということなのです。その細胞が異常細胞になれば、地球はそれを治そうとするのです。

しかし、それもできないとなると、人類をこの地球から排除しようとします。そうならないように自然を大切にしなければなりません。私の最も信頼できる友人の姫川薬石はそれを私に語ってくれました。

自然放射線は昔から利用されていた

放射線と聞くと今の人工放射線の恐ろしさから怖がる人が多いかもしれませんね。しかし、放射線は生命を支えている重要なものです。放射線なくしては生命は存在できないのです。

そういった意味から、自然界の放射線は昔からいろいろと生活に利用されてきました。その代表的なものが食器です。陶器や素焼きの瓶はその素材となる粘土がラジウム石の粉でつくられています。物にもよりますが、0、15から0、3μSvくらいの線量が出ているのです。立派なラジウム石です。

昔は水の保存は水瓶を使いました。ラジウム石に入れておけば水は腐りませんし、その中の有害物質はすべて分解してしまいます。陶器のお皿やカップは食品中の有害物質を分解し、食の安全を保っているのです。

ホーロー鍋、ホーロー浴槽もラジウムの活用です。土鍋も、これで御飯を炊くとおいしくでき上がります。漬物も瓶で漬けるとおいしくできます。すべて自然放射線を使った昔からの知恵だったのです。反面、金属食器などは金属イオンを発生させて、放射線の分解効果は期待できません。プラスチックも同様です。食器は必ず陶器のものを使いましょう。

人間の体は自然の土や石からだけでは十分な自然放射線を受けることはできません。そのため、植物が大地からの放射線情報を受け継いで、カリウムという放射性物質に変えます。カリウムという放射性物質にそれを載せるのです。だから植物はすべて放射線性物質のカリウムからできています。

そしてカリウムが合成されてビタミンができるのです。人間に必要なビタミンはすべてカリウムから出る放射性物質、その放射線によって人は健康を保っているのです。トマトジュースやニンジンジュースからは強い放射線が出ています。ニンジンジュースの場合で0、15から0、20μSvぐらいの線量が出ています。

かといって、今の野菜は人工放射性物質を多量に含んでいる場合があります。カリウムは有害な人工放射線を出すセシウムと同じ構造で、カリウムと入れかわってセシウムを含む野菜があるのです。野菜の産地にもよると言えるでしょう。

このように、ラジウム石だけではなく、野菜からも自然放射線を吸収することができます。自然放射線は、実は昔から生活に密着していたものだったのです。

長寿の水を発見したパトリック・フラナガン博士

アメリカのパトリック・フラナガン博士は数多くの革命的発明をしてノーベル賞候補までになられた科学者です。そのフラナガン博士が平均寿命が100歳を超える地域を調べたことがあります。その一つに、パキスタンの中国国境付近のカラコルムハイウェイに沿ったフンザという地域があります。

500年前のアレキサンダー大王の頃にこの地に移り住んだ一族がおり、昔はフンザ王国と呼ばれていました。ここの平均寿命は定かではありませんが、女性は100歳を超えてからも出産をするそうです。

フラナガン博士はこの長寿の秘密、秘訣を調べ、彼らが飲用している水に注目しました。フンザは5000mを超える高山に囲まれて、雨がほとんど降りません。そのかわり、周囲の氷河が解けた水が一年中流れており、住民はこの水で生活をしています。

その氷河の水は、氷河が削った岩の粉末でできた粘土の上を流れてくる水なのです。博士はこの水に注目し、不老長寿の水の製造に成功したのです。今から考えればこの氷河の削った粘土こそラジウム石であり、川の水は天然のラジウム水だったのです。つまり、ラジウム水を飲んでい

バドガシュタイン鉱石（オーストリア産）

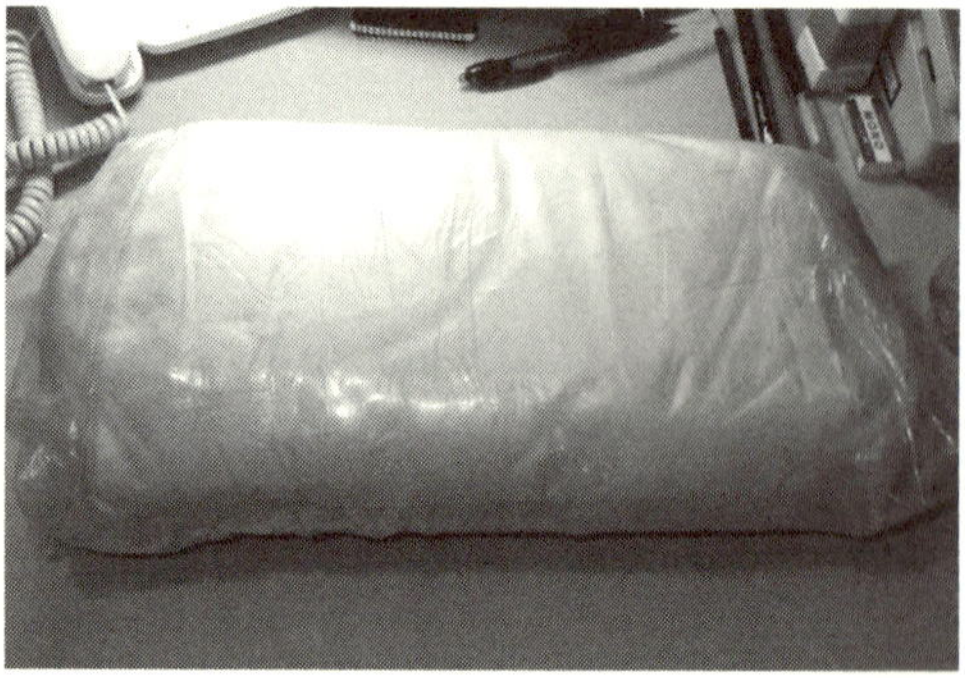
天草陶石の粉

れば人間は不老長寿でいられるということだったのです。

実際に氷河の削った粘土を皮膚に塗ると、数十分でつるつるになります。これに目をつけ、化粧品として売り出されているものもあります。粘土から出る自然放射線が細胞の再生機能を活性化させて、細胞が若返るのです。

ウラン鉱山の跡地のトンネルで自然放射線を吸収して細胞を若返らせる医療施設が、オーストリアにあります。そこで20歳も細胞年齢を若返らせた日本の芸能人がいました。オーストリアのバドガシュタイン鉱山に行き、坑道の中で寝ていただけです。日本のテレビで放映していました。このオーストリアのバドガシュタイン鉱山はオーストリア政府公認のラジウム治療センターで、オーストリアではラジウムによる治療は、国の健康保険がきく正式な治療です。不老長寿は本当にあるのです。自然放射線をうまく使いこなせるならば。

実際に海外では、オーストリアの他にも、フランスではラジウム水で病気を治すテルマリズムセンターが各地（エビアンなど）にあり、ラジウム水治療が国の健康保険で適用されるのです。日本の医療は、この点でたいへん遅れています。

不老長寿の夢をかなえるという意味では、このフラナガン博士の研究はたいへん意義深いものだったと思います。しかし、理論的背景がしっかりとしていなかったので、なかなか普及はしなかったのでしょう。

この氷河の粘土ですが、化粧品としてはたいへん高価です。肌のパックにも使用されておりますが、ここに安上がりのものを紹介しておきます。陶芸用ですが、天草陶石（流紋岩のラジウム石）の粉が10kgにつき2000円くらいでネットで販売されています。これを水で溶いてパックすればたちどころに肌の細胞が若返り、つるつるになります。一度、試してみてください。

ラジウム石の使い方

1、健康法

ラジウム石の一番の使い道は健康法でしょう。まず、その効果としてがんなどを治す免疫力向上と、失われた機能を回復させる細胞再生機能、この2通りの利用法によって、使うラジウム石が違います。

免疫力向上でしたら流紋岩系で、その代表が姫川薬石です。細胞再生力と生殖機能向上でしたらニニギ石です。男性の生殖機能向上にはウラン鉱石がお勧めです。女性はニニギ石です。その効果に驚かされることでしょう。

基本的な使い方としては、お風呂に入れて入浴することです。ラジウム石は水に入れると水そのものを放射能化して、そこから放射線情報を持ったラドンガス（放射性気体）が発生し、それを吸引することによる効果が大きいのです。

放射性物質は水に入れると放射線の放出は止まり、そのかわり水を放射能化して放射性ラドンガスを発生させます。

次に、ラジウム石を入れた水の飲用もお勧めです。しかし、これは放射化した水が体内に入るだけで、すぐに放射線の発生は少なくなり、効果は薄いのです。やはり、石が入った風呂に入るか、直接、石を患部に当てるのがよいでしょう。

ラジウム石を置いておいたら赤ちゃんがなめるので、それをヒントに口の中に入れてしゃぶるという方法を考えた方もおられます。飲み込まないように注意すれば、この方法もいいでしょう。

なお、ラジウム石から出る自然放射線はもともと自然界にもたくさんあるものですので、赤ちゃんでも何ら健康について心配は要りません。陶器の食器自体も強いラジウム石なのですから。昔からの生活自体が、ラジウム石だらけだったのです。

内臓のがんなどはお風呂だけではなく、下着や腹帯に袋をつけてそこに入れておくのもよいでしょう。乳がん用にリング状の姫川薬石を2つ、ひもで結んだものを下着の中に入れる便利なグッズまで開発されているのを見たことがあります。これなら乳がんなんて怖くないですね。

私の友人の妹が子宮がんでがんが子宮の外壁まで達しており、子宮摘出の手術を受けることになりました。それはたいへんだと、手術までまだ一ヶ月もあるのでお風呂用と患部に当てる姫川薬石を渡して一ヶ月。手術前検査ではがんが小さくなっており、結果的にレーザーで焼いて日帰りで帰ってきました。あやうく、子宮摘出という事態になるところでした。その後、子供も生まれて幸せに暮らしています。

ラジウム石による治療は、遺伝子治療になります。遺伝子そのものを正常化するので、がん治療はもちろん、がんの予防に役に立ちます。家族ががんの家系だからという人はここで遺伝子を正し、がんを撲滅させてください。子孫までその影響が残りませんように。

漢方医学では姫川薬石の粉を飲用していますが、成分が未知のものもあり、飲用には注意が必要です。浴用で十分効果はありますから、ゆったりとお風呂につかって使用してください。

前に書きましたが、天草陶石を粉にしたものが安く売られており、美容だけでなく神経痛やリューマチ、骨折に応用した湿布方法があります。粉を水で練って粘土状にして、それを足に湿布したところ、20年間、苦しんだ神経痛から解放された方もおられます。

また、この粉に植物性のシアバターと椿油などを混ぜて軟膏にして、万能薬として使っている方もおられます。特に火傷に効果があると評判です。細胞再生力でしょうか。軟膏をつくるときは鉄分を除いた粉を売っています。これが鉄アレルギーも起こさなくていいでしょう。

いざというときに何でも役に立つ家庭用万能薬、がんでも治る万能薬なんておもしろいですね。一度、試しにつくってみましょう。材料は陶芸用の天草陶石の粉、シアバター、椿油で、すべてネットで検索すれば購入できます。

入浴の場合、なるべく大きな姫川薬石を入れてください。できれば1kg以上のものを。糸魚川の海岸に行ってなるべく大きな石を拾ってきてください。石をお風呂に入れるだけでその効果はわかります。お湯の触感が変わって水にとろとろした粘性が出てきます。これは水が微粒子化した証拠です。この状態は水が放射能化しており、放射性気体のラドンを発生しているものです。

これを吸引することによって、体内に放射線の情報を取り込むことができるのです。肺に入ってラドンはすぐに血液を放射能化し、全身にそれを伝えます。かくして遺伝子の異常状態は正常化していくのです。

自然放射線を有効に用いれば必ずがんは治ります。各自で、ご自分にあった方法を研究してみることが大事ではないでしょうか。

2、食品に使用する

食品にラジウム石を用いることは、病気から身を守るためにもとても大切なことです。食品に添加してあるいろいろな有害物質によって、私たちの体は蝕まれます。石油系からつくられる有害な食品添加物、そして農薬、これらから身を守ることは今や困難と言えましょう。

姫川薬石のプレートの上に食品を置く

しかし、都合のよいことにラジウム石から出る自然放射線は自然界でできる物質には作用しないで、石油系の人工物質をすべて分解、無害化することができるのです。方法は、プレート状のラジウム石の上に、食品を数秒間、置くだけでよいのです。放射線による分解ですので、少しの時間で作用します。

例えば、そばの汁の場合、ラジウムプレートの上に置くと人工的なダシ汁はすべて消えてしまい、ただのまろやかな塩味になってしまいます。一方、本格的に(天日干しの昆布や鰹などで)ダシをとった汁であれば、何も変化せず、よりまろやかな味になるのです。灰汁《あく》などもすべて分解されてしまいます。

極端な例では、人工甘味料や着色料が主原料のジュースなどはその味の元が分解されるので、何のジュースなのかわからな

野菜は洗うときに姫川薬石を入れる

くなってしまいます。一般的な炭酸ジュースなども、飲んでもオレンジなのかグレープなのか、味だけではまずわからなくなります。

これほど、自然放射線による人工添加物の分解効果は大きいのです。どなたでも味の大きな変化がわかります。口にする食べ物は必ずラジウム石を通して、その有害成分を分解してください。

調理にもラジウム石は使えます。汁物であれば、鍋の中に姫川薬石を入れたまま調理します。味がまろやかになり、人工の調味料等は、入れても一切ききません。また、ホーロー鍋や土鍋においてはもともとラジウム石が入っているので、あえて石を入れる必要もないでしょう。

炊飯器で御飯を炊くときは、水加減を合わせた後にお釜に姫川薬石を入れます。炊き上がった御飯の味がまったく違います。漬物は必ず瓶か陶器の容器にしてください。酵母の働きがまったく違います。その結果としておいしさが違うのです。

また、野菜には農薬がついていたり、内部に有害な物質が入っていることがあるので、洗うとき、容器に姫川薬石を入れて漬け洗いしてください。農薬など一瞬で消えてしまい、薬っぽい味のしない瑞々しい野菜が食べられます。特にイチゴなどは皮を剥いて食べないので、農薬を無効にするには、姫川薬石の水に浸けるとよいです。

また、お湯を沸かすときは必ずラジウム石をやかんやポットに入れてください。冷水は必ずラジウム石を通してから飲んでください。整水器などは水の塩素を取り除くだけで、毒まではなかなか抜けないのです。放射線を通すか、沸騰させないとその毒性はとれません。

冷蔵庫には姫川薬石を入れる

ラジウム石で食べ物の安全を保ち、ラジウム石のお風呂に入って遺伝子異常を常に修繕していれば、病気になることなどまずないでしょう。そのことを忘れないでください。

3、その他の利用法

ラジウム石が発する自然放射線は、生命力を維持します。したがって、野菜などの食材もラジウム石を入れた容器で保管すると、その鮮度が長もちします。冷蔵庫の野菜を入れるところには必ず姫川薬石などのラジウム石を入れてください。生花を

白菜に花が咲いた

活ける花瓶にも入れると花のもちが違います。

以前、白菜の中心部に花がついていたのでラジウム石を入れた水に浸けておいたら、花の芯がどんどんと伸び、白菜の玉を割ってしまい、ついには30㎝くらいの木のようになってしまいました。その生命力に驚かされます。

また、ラジウム石は化学成分を分解するので消臭効果もあります。特に花崗岩系の石はそれが強く、お部屋に置くだけで部屋の臭いを消してしまいます。特に人工的な臭いは一瞬にして消えます。

その効力は強く、壁をも透過してしまうのでマンションなどはお隣の臭いまで消えてしまうほどです。病室内で使用すると、病院独特の消毒薬の臭いが消え、独特のよい環境となり、入院をされている皆さんが穏やかになります。

特にニニギ石は脳細胞に直接作用するので精神的不安定が解除されて、お子さんは勉強に集中できますし、作業場に置くと作業効率が2割ほど向上します。もちろん、お子さんの受験勉強には効果抜群で、とてもよい結果を招くことでしょう。

また、ニニギ石はウイルスに対しての殺菌性もあります。細菌は人間の細胞と同じなので効果はありませんが、インフルエンザなどのウイルスに対しては強力な殺菌力があり、感染した患者の枕元に置くだけで、高熱を出してうなっていた人も翌日には熱が下がり、元気に学校にも行けます。現在、騒がれているエボラ出血熱もウイルスなので効果が期待できます。インフルエンザ、SARSなどウイルス性の病気に効果があると思われます。インフルエンザにかかったら、枕元に置いておくと十二時間くらいで熱は下がり、平常になることがほとんどです。ぜひ試して下さい。

信じられないようなことですが、欠陥細胞のウイルスは石油系の炭素の環状構造と一緒なので、自然放射線の性質として、それを即座に分解してウイルスを死滅させてしまうのです。ただし、ウイルスでない細菌は人間同様の細胞ですので、よけいに元気になるのです。

細菌が元気になっても、人間は放射線によってその免疫力が向上します。いくら細菌だらけでも免疫があればなんら問題はないのです。今の社会は塩素等の殺菌剤で細菌を死滅させますが、細胞レベルでは細菌も人間も同じです。殺菌はそのまま人間細胞も死滅させます。

塩素で殺菌をすると人間もその細菌に対する免疫力を失います。だからお風呂でレジオネラ菌を殺菌するために塩素剤を入れると、それに入浴している人もレジオネラ菌への免疫を失い、肺炎を起こしてしまうことがあるのです。

本来ならば細菌を殺すのではなく、人間の免疫力を高めることが大事なのです。そのためには自然放射線を出すラジウム石がなによりです。特に鳥インフルエンザのようなウイルスはそれを

ラジウム石の上に寝る猫

殺菌しようと消毒薬を撒けば撒くほど、人も免疫力を失い、感染するようになってしまいます。

鳥インフルエンザへの対策は簡単です。ラジウム石を使い、免疫力を高めればいいのです。ラジウム石を部屋に置き、ラジウム石の風呂に入り、そのラドンを吸えばいいのです。インフルエンザ蔓延のときには、ラジウム石で対処してください。感染しないことが最も大切です。

鳥インフルエンザを媒介する野鳥たちも、自然環境が塩素などの薬品で汚染されて免疫力を失っているために、本来ならば感染しないインフルエンザに感染してしまうのです。鳥インフルエンザやSARSの流行は人類が引き起こした環境破壊の結果です。

家畜においては、最近、感染症も多くなり（飲み水に原因がある）、そのために抗生物質を与えて薬漬けになっております。これでは家畜もそれを食べる人間も最悪の状況となるでしょう。

家畜にはニニギ石を通した水を与えるだけで健康になり、元気になります。現状では、その飲み水が不適切なのです。ラジウム石を浸けた水を飲ませ、畜舎にラジウム石を置いていただきたいものです。人間の健康を願うのであれば、家畜も健康でなくてはなりません。ペットも同様です。

我が家の猫は、ラジウム石がたくさん置いてある風呂場のタイルの上でごろごろするのが大好きです。ラジウム石から出るラドンが重い気体なので、風呂場の床に充満しており、これを吸うと気分が爽快になるからです。

花崗岩系のラジウム石は、痛みを抑える鎮痛作用もあります。放射線を浴びると脳の中でモルヒネと同様なβエンドルフィンが出てきます。このβエンドルフィンは人間の緊急時に、その痛みを止めるために放出される物質なのです。放射線はそれを放出させる効果があるので、無害の鎮痛剤として使えます。転んでけがをしたときや、神経痛で痛くて動けないときも、ラジウム石を当てるだけですぐに痛みがなくなります。

私が糸魚川市の海岸で姫川薬石を拾っていると、ときどき、大きな波が襲ってきます。糸魚川の海岸は急に深くなっているので、波にさらわれるとたいへんです。一度は、急いで急斜面をはい上がるときに、転んで頭を打ちつけました。額にこぶができそうになったので、その辺に転がっている姫川薬石を拾い、10分ぐらい当てておくと痛みも腫れも消えてしまいました。このようにすることで、何度も大事に至らずに済んだことがあります。

ラジウム石をいつも持っていると、緊急のけがや火傷をしたときなどにも役に立ちます。私にとっては医師よりも信頼のできる石です。必ず期待に応えてくれるからです。

植物と放射線

植物にとって、自然放射線は必要不可欠です。植物は大地の放射線により、地中でバクテリアがつくった酵素を使い、それを触媒として光合成をしてカリウムをつくります。これは低温核融合なのです。

水と酸素と窒素からカリウムを合成します。酵素（葉緑素）を触媒として太陽光線で核融合を起こすのです。植物は肥料で育つと思われがちですが、肥料は土の中のバクテリアの食べ物です。バクテリアは肥料を分解して酵素をつくります。この酵素を植物は吸い上げるのであって、肥料を吸って育つのではありません。

土中のバクテリアが育っていれば、植物に肥料は要りません。まずは土づくりが大切なのです。良質の土をつくるためには、バクテリアを活性化させる自然放射線が必要です。もちろん、普通の土も自然放射線は出しますが、土にラジウム石を混ぜると最高の土づくりができるのです。

畑を耕すときに、肥料とラジウム石の粉を入れます。１００㎡に20kgぐらいの天草陶石の粉を撒くといいでしょう。耕した後、バクテリアの活性を待ってから作物を植えます。

昨年、スイカで実験をしたら、驚異の収穫となりました。普通のスイカでは咲いた雌花すべてが次々と結実しました。しかも大玉で、苗1本から10個近い大玉スイカが穫れたのです。小玉スイカに至っては、スイカの鈴なり状態となり、2株でなんと60個近いスイカが収穫できたのです。

一般の畑の1、5から2倍の収穫量でした。しかも、2番なり、3番なりと次々に食べごろに実り、蔓枯れするまで立派なスイカができ続けたのです。

その他、そばもつくりましたが、収穫量が約2倍になるのです。ラジウム石は一度撒くだけでその効果が続くので、後はバクテリアのための有機肥料が要るだけです。

サツマイモ畑にしてみたら、蔓が激しく伸びてきて木を登る勢いで、わさわさした葉っぱがまるでジャングルのようです。

スイカが鈴なり

しかし、イモを収穫してみると、それまでと変わりはありませんでした。ラジウム農法は根菜類ではあまり収穫量が増えないことが分かりました。

葉物と果実においては、驚異の収穫量でした。これからの食糧難に収穫量の向上は欠かせないのではないでしょうか。

水田にラジウム石を使うとどうなるのか。試してみた方がおられます。田んぼの四隅に大き目の花崗岩を置いただけで、その稲の成長の早さと収穫量で違いが出ました。他の田んぼと比較して稲が高くなり、病気にもならないで、無農薬・無肥料で収穫量アップができたそうです。今後の農業に欠かせないラジウム農法ですね。皆さんも、植物を育てるときはいろいろと工夫をして試みてください。

枯れた稲穂から芽が出たという、驚異の実験結果があります。東海のエジソンとして有名な愛知県の高木博士の実験でした。本当に、枯れた稲穂から芽が出たのです。実際に私も見て確認いたしました。驚きの話です。

お米を脱穀した後の稲穂を切り刻んでラジウム石を入れた水に浸けておいたら、3週間ぐらいで発芽するのです。死んだように見えた稲穂でも、自然放射線を当てると生き返ったのです。

植物は枯れた状態になっても、水と土からの自然放射線を受けると命を復活させるのです。この稲わらから発芽した苗を田んぼに植えたところ、通常の種子からの苗よりも発育がよく、3カ月で収穫ができたそうです。だから1年に3回、お米の3期作も可能だということでした。実際に愛知県でそれを行っている農家の方とお会いしたことがあります。

この高木博士のラジウム石を撒いた家庭菜園では、簡単なビニールハウスで冬もパイナップルがなっていました。博士によると、食べるときにカットしたパイナップルの葉っぱを植えておいたら、2年で果実がたわわに実ったということで、喜んでいました。霜の降りる真冬でも路地のネギは青々と茂り、ラジウム農法のすばらしさを実感したのでした。

高木博士の本業のメッキ工場という環境においても、一年中、花の咲く別天地です。ラジウム石から出る気体ラドンが自然環境までもよくしてくれるのでしょう。

ラジウム医療で健康保険が使える国がある

日本では、ラジウム石で病気が治ると言っても信用しない人がいます。しかし、先述しましたように、世界に目を向けるとラジウム石を使った治療方法が医学的に認められて、健康保険の使える医療として行われている国もあるのです。

オーストリア、ザルツブルグ郊外のバドガシュタインという場所に、古来よりヨーロッパ王室や貴族たちが世界中から集まり、病気を治した治療施設があります。今ではオーストリア、ドイツの健康保険も使え、ラジウム石治療は長年にわたり確実な成果を上げています。

バドガシュタイン鉱石測定

一般的な利用法はウラン鉱石の廃坑にベッドを並べて、ただそこで過ごすだけなのです。岩盤から出るラドンが坑内に充満し、これを吸い込むことによって自然放射線治療ができるのです。1カ月ほどこの中で過ごすと正常化した細胞に入れかわり、細胞年齢が若返ります。不老長寿とはまさにこのことでしょう。

このバドガシュタインでとれた鉱石は、オーストリア政府認定の治療器具として販売されています。しかし、ラジウム研究で遅れている日本においてはその効能を訴えるわけにはいきません。ただの健康グッズとして売られているのです。

バドガシュタイン鉱石を購入して測定器で測ってみたところ、ばらつきがあり、大体、数μSvから0、3μSvぐらいでした。この放射線の強い弱いは意外とその効能に比例しないようです。放射線が弱くても、その効果に違いはありません。大事なことはその自然放射線に載っている情報だからです。

このように、海外では医療行為として行われているのに日本では認められていないことは、たいへん悲しいことです。この原因は今の医療体系が製薬会社の製品によって動かされているためで、医師は病名を当てるだけで、後はその病名の治療薬を処方するだけの医療だからです。

病気の原因を考え、それを正す医療は今の西洋医学にはなくなってしまいました。東洋医学にわずかに残っているだけとなっています。ラジウム石治療はその原因から治す東洋医学です。これが本当の医療ではないでしょうか。

このオーストリアのラジウム治療方法が、現状は医療としては認められていない岩盤浴なのです。しかし、現状はその効果が自然放射線によるものとはわからないので、遠赤外線効果だのと言って高温にしているので、長時間はいられないのが残念です。

その上、中には自然放射線も出ていない岩盤もあり、それが「効果はない」と言われる原因にもなっております。「遠赤外線」だの「マイナスイオン」などという言葉は疑似科学用語で、それで病気が治るものではありません。しっかりとした自然放射線の知識で取り組むことにより、ラジウム医療が普及するのではないかと思います。

戦後の原爆症を厚生省はラジウム温泉で治療した

先述のように戦後、原爆の被爆で苦しむ人のために、厚生省は全国のラジウム温泉に被爆者温泉治療のための原爆センターをつくりました。その最後の被爆者治療センターであった大分県、別府温泉の「別府原爆センター」が、皮肉にも福島原発の事故のあった年の夏に閉館となりました。

その理由は原爆から時が経ち、被爆者も高齢化が進み、少なくなってきたことです。要するに、原爆により白血病となった人たちが高齢化したということは、ラジウム温泉が白血病に明らかに治療効果をもたらしたということです。

しかし、まだ、別府温泉には小さな湯治宿で「特効原爆症」を看板にした温泉も残っており、当時の被爆治療の名残がまだあります。

私が5年前に山梨県の増富ラジウム温泉の金泉閣に行ったときも、まだ廊下の壁に「特別効能放射能機能障害」と赤字で書いてありました。天然のラジウム石を使ったラドン温泉でも厚生省認可の効能として、「甲状腺機能障害」とはっきり書いてあります。

ラジウム温泉は、戦後から被爆者の多い日本においては厚生省が認めた唯一の被爆治療だったのです。

しかし、ラジウム温泉に放射能があることから、放射能の人体に及ぼす原理を知らない人たち、特に放射線管理者が「ラドンでがんになる」と言いふらしていることもあるのです。

この放射線管理者になるための課程で、天然と人工の放射線の区別もつかない者がそう教育しているのが原因です。原発などで放射線を扱う人たちが、放射線の人体に及ぼす原理を知らないのです。困ったものですね。放射線の人体に及ぼす影響は放射線そのものの波動ではなく、それに載っている信号なのです。

「ラドンガスでがんになる」ということ自体、どこから出てきたのか、根拠のない風評にすぎません。健康になる放射線とがんになる放射線が存在していることを知るべきでしょう。ラドンガスは放射性物質から発せられる気体です。そのもととなる放射性物質の持っている情報が重要なのです。

以前、日経新聞が鳥取県のラジウム温泉、三朝温泉の周囲で行った住民の健康調査の報告です。あらゆる年齢において、ほかの地域の住民と比較して、がんになる率が50％以上低くなっていたのです。「ラドンガスでがんになる」ということはなく、その逆であることがわかったのです。「今までの教え方を見直さないといけない」と結論づけております。

今までは放射線の種類だけの分類で、α線だのβ線がどうこう言って、その本質を知らないいためのいいかげんな解釈だったのです。前述のようにホルミシス効果については学会までできましたが、弱い放射線は健康によいとの発想だったのにその境界線はどこからかという問題になったとき、明快な答えが出せなくなり、ホルミシス効果などというものは存在しないことになったのです。

放射線は波動であり、情報を持つ。この発想は私独自のものであり、これが放射線の持つ謎を一気に解き明かしたと言えましょう。

万病治るラジウム温泉

自然放射線を出すラジウム温泉に入ると、温泉から出るラドンガスを吸い込んで体に自然放射線が出す生命信号を取り入れることができます。ラジウム石の岩盤を通過した水は放射能化してラジウム温泉として湧出します。

ラジウム温泉の入浴の仕方は足湯のような入り方ではなく、ラドンガスが重いのでなるべく水面近くの空気を吸うようにするか、長時間、入浴して、直接、お湯から体内に放射線を受けるのがいいのです。

お湯に入らなくても、洗い場の床にラドンガスが充満しているので、床に寝転んでいる人もいます。なるべく顔を床に近づけてラドンガスを吸うといいのです。

私のよく行く山梨県にある増富温泉では、実際の知り合いで末期がんを治した人がいます。1泊3000円ぐらいの自炊の湯治宿に泊まり、1カ月ぐらい泊まって一日何回もラジウム温泉に入り、治療をしました。老舗の温泉旅館に泊まってお風呂に入ると、宿に長期間、泊まっているお客同士の話が弾み、「何々さんは、昨日、完治して帰られましたよ」などと励ましの会話が多く、湯治客同士で励まし合う姿が見られました。

ラジウム温泉の中でもラドン温泉と呼ばれる温泉はその発生するラドンの量が5M．E．（マッヘ）以上と決められています。強いからよく効くというものではありませんが、かつて増富温泉で1万M．E．という世界最高レベルの温泉がありました（長島乙吉博士が測定）。今は700M．E．を最高として、少ないところでは0、3M．E．というものもあります。

特に700M．E．という全国一のレベルのラドンを検出したお風呂は、増富ラジウム温泉の不老閣の露天風呂で、直接、岩の間から湧き出しているものです。洞窟状態になっており、ラドンが充満しています。

しかし、源泉が26℃という低温なので、かなり冷たく感じます。水面近くのラドンが放つ放射線レベルは、最大で5μSvもありました。そこで深呼吸をすると気を失いそうなぐらいです。

ラジウム温泉に入った後は視界もはっきりとなり、全身の爽快感が何とも言えません。家庭ではラジウム石によるラジウム温泉として楽しめますが、やはり、天然のラジウム温泉にはかないません。万病治るラジウム温泉に行ってみましょう。

放射線なので子どもにはよくないという方もおられるかもしれませんが、そんなことはまったくありません。先日、妊婦の温泉入浴禁止には根拠がないということになり、妊婦の入浴も問題ないことになりました。ラジウム温泉こそ、妊婦にとって子どもの遺伝子異常を直すチャンスです。積極的にラジウム温泉に入りましょう。その一部をここに紹介します。

都道府県	源泉名	泉　質
秋田県	玉川温泉	弱酸性塩化物泉
新潟県	五頭温泉郷 村杉温泉 薬師乃湯３号井	単純放射能泉
新潟県	五頭温泉郷 村杉温泉 薬師乃湯１号井	単純放射能泉
新潟県	五頭温泉郷 今坂温泉 湯本館	ラドン温泉
新潟県	五頭温泉郷 出湯温泉 弘法の足湯	単純弱放射能冷鉱泉
山梨県	増富ラジウム温泉 金泉閣	含放射能ほう酸 炭酸食塩泉
鳥取県	三朝温泉	単純放射能泉
鳥取県	関金温泉　関の湯	単純弱放射能泉

ニニギ石を腹帯に入れて朝鮮出兵した卑弥呼

中国の古書、『魏志倭人伝』に登場する倭国の邪馬台国の卑弥呼は実在の人物です。歴史研究者はこの邪馬台国を九州だの奈良だのと言っていますが、すべて日本の歴史を知らないゆえの発想、すべてが間違いです。

邪馬台国と言いますが、『魏志倭人伝』にはそう書いていません。「邪馬壱国《やまいち》」と書いてあります。それを後になって壱の字が似ているため、壹という字になり、それが台になったもので、本来は「邪馬壱国」が正しいのです。

邪馬壱《やまいち》といえば、山梨の古い呼び方です。邪馬壱国とは山梨そのものを指しています。『魏志倭人伝』の書かれた魏国の時代は（西暦220年から265年）、日本の倭国の天皇は第14代、仲哀天皇（西暦192年〜200年）が早く亡くなられて、次の第15代、応神天皇（西暦270年〜310年）になるまでの70年間で、そのときは仲哀天皇のお后の神功皇后さんが天皇に代わって倭国を治めていました。この方こそ卑弥呼なのです。

卑弥呼とは神功皇后さんの別名、「日巫女《ひのみこ》」から来た呼び方で、ラジウム石を使いこなし、350歳という長寿を全うされた武内宿禰の指導のもとに中国の国王にそれを伝授し、皇帝の位を授けるというお役目がありました。そこで、中国の魏国は三国時代から国を統一しようとして、神功皇后に会いに来たかったのです。

ところが、倭国に来るにあたり、朝鮮半島のつけ根にあった高句麗国は日本への登竜門としてしっかりと守りを固めていたので、そこを魏国が突破しようとして、高句麗と争いになりました。

これを怒った神功皇后は妊娠10ヵ月という身重の体なのに朝鮮出兵し、腹帯に3個のラジウム石を入れ（ニニギ石だと思います）、出陣したのです。神功皇后は重さ90kg近い妊婦用の鉄の鎧（楯無の鎧、現在も山梨の菅田天神社に保存されています。すごい鳩胸の鎧です）をつけて出発しました。

この神功皇后の気迫に魏国は驚き、戦わずして高句麗を守ることができたのです。高句麗国は日本武尊《やまとたけるの》が倭国を守るために建国した国だからです。その証拠に西暦７０３年、唐、新羅に滅ぼされた高句麗国の若光王が日本に逃れ、埼玉県の高麗に都を構えました。

そのとき、朝鮮半島から持ち帰った神社が「九万八千神社」です。この神社は日本武尊が自分の妻と九万八千の神々を祀った神社で、日本武尊自身が持っていた神社だからです。後に高麗神社となりました。

魏国を追い払い、高句麗を守られた神功皇后はすぐさま九州の博多に戻り、そこで応神天皇を妊娠14ヵ月にして出産されました。生まれた場所には宇美八幡宮があり、その石を保護した場所が鎮懐石八幡宮として今も残っております。

その鎮懐石を見てみようとしましたが、宮司さんですらなかなか見られないという御神宝で見ることができません。そのかわり、近くの宇美八幡宮に安産の石がたくさん置いてあります。妊娠するとそれを持ち帰り（本来なら帯の中に石を入れる）、無事、出産すると名前を書いて神社に返します。その名前が消えるころ、また次の人が使うのです。

　現地に行けないので、この石の写真を拡大してみたところ、明らかにその石は花崗岩でした。生まれた応神天皇は仲哀天皇の子どもなので、仲哀天皇が亡くなられたのが西暦２００年、応神天皇は西暦２００年か２０１年に生まれたことになります。応神天皇の亡くなられる年が西暦３１０年ですから、応神天皇は１１０歳まで生きられたことがわかります。

　妊娠中にラジウム石を腹帯に入れると、子どもが健康で長寿になったことがわかるのです。

　このしきたりは今も引き継がれ、妊娠すると戌の日に水天宮で腹帯をします。しかし、大切なラジウム石は今は忘れ去られて、帯だけになってしまいました。

　当時、このラジウム石のことを天皇に伝授していたのが武内宿禰で、彼は12代、景行天皇（西暦71年～１３０年）から16代、仁徳天皇まで仕えたのです。何とその歳は３００歳以上であったと言われております。ラジウム石の生命力を彼自ら実証していたのです。

　私のこの話を聞き、3人ばかりの方がニニギ石を妊娠中ずっと腹帯に入れておりました。すると、とても健康な子どもが生まれたのでした。不思議なことに、３人とも肩に羽根のような産毛が出産当時から生えていて、まるで肩に羽根がある天使のようでした。両肩から一直線に後ろに向かって毛が生えていたのでした。でも、数カ月経つと自然に消えてなくなりました。

　さらにその子どもの成長も早く、言葉をしゃべる時期も早かったようです。きっと長寿になる天使のような子どもではないでしょうか。

ダウン症の子どもの遺伝子異常を防ぐためにも、このラジウム石の活用はたいへん興味深いものです。しかし、今の人工放射線による遺伝子異常が修理できず、ダウン症の子どもが生まれても決してラジウム石のせいにはしないでください。異常のレベルにより、必ずしも修正できるものではありません。

ニニギ石の自然放射線レベルは食器などよりははるかに低い値なので、ほかからの影響の方が大きいという事も忘れないでください。これを気にするよりも、日常の食べ物の人工放射線汚染の方が何千倍と影響が大きいのです。


さて、この神功皇后こと卑弥呼は、山梨の昇仙峡に神殿を構えていました。今は夫婦木神社姫の宮としてその跡が残っております。夫婦木神社には龍に乗る神功皇后の像とニニギ石で育った御神木と卑弥呼の語源となった天宇受売（あめのうずめ。別名、日巫女）の像があります。社殿はニニギ石を積み上げた上にあり、当時の神功皇后の絶大な力がよくわかります。神功皇后はラジウム石の大家の武内宿禰とともにここで生命の研究をしていたのです。

この昇仙峡のさらに奥には本物の武田信玄の隠し湯として、黒平ラジウム温泉郷がかつてありました。しかし、50年前に最後の温泉場が閉鎖になり、今はその面影もありません。

増富ラジウム温泉は最近のもので、そのずっと以前はこの「卑弥呼の奥の宮」こそがラジウム温泉健康センターとして栄えておりました。300年ほど前のお話です。そのもととなるニニギ石は世界最古の火山として1100万年前まで噴火していた黒富士山の溶岩からできているのです。

この溶岩から出る生命の放射線が石英に当たると、あのきれいな結晶の水晶になります。だから水晶はこのニニギ石の上に生えているのです。昔は水晶掘りの人たちがこのニニギ石を求め、空洞に水晶を見つけました。

水晶はニニギ石から出る自然放射線によって結晶した石英です。だから生命波動を持っているのです。自然はうまくつながっていたのです。

かつて日本にはラジウム石を伝える文化、「高天原」がありました。

6000年前の日本に存在した高天原の歴史を知ってください。巻末に、高天原の歴史の概略を説明した私の過去の資料を掲載しますので、ご参照ください。

高天原の歴史を振り返ると、日本人はどうしてそこまで高天原にこだわったのかが気になります。実は、天照大神様以来の人類の生命に関する重要な事柄をラジウム石を使うことによって維持していく、ということを伝えるために、高天原があったのです。それが十種神宝であり、十柱の石と呼ばれているものです。高天原こそ神の教えを人類に伝えていく場所であったのです。その中心的な役割を担ったのが天皇であり、その習得の儀式が大嘗祭であったというのです。

今はそれがきちんと伝えられておらず、その結果、人類の体は蝕まれてきています。中国の皇帝、朝鮮の王、そして日本の天皇は、このラジウム石を使って国民を健康で幸せにすることが使命であったのです。

中国歴史史上最大の反乱であった黄巾《こうきん》の乱（西暦１８４年）においては、山東半島の以前の徐福がいた高天原出張所を守っていた仙人から、農民の張角という男がラジウム石の秘密を伝授され、石を入れた水で病気を治すことを始めました。そのうわさは中国全土に広まり、瞬く間に２００万人の大集団ができたのです。

そして「今の後漢の国王はこのことを知らなかった」と反乱を起こし、ついには後漢の国王を追放してしまいました。

この黄巾の乱を起こした黄巾軍を陰で支援していたのが、神功皇后だったのです。

その証拠として、黄巾軍の後宮女王を守る大将の金印が、山梨県の河口湖町から発見されています。この金印は、当時、中国から引き揚げてきた秦一族が所有していたものです。中国最大の黄巾の乱の指導者であった女王が、なんと日本の山梨にいたことが分かったのです。女王、卑弥呼（神功皇后）は、ラジウム石を皇帝に伝える役目を担っていたのです。

この黄巾の乱の後に中国は三国時代を迎えましたが、その一国が魏国でした。魏国の国王は卑弥呼から皇帝の位を取得して中国を統一しようと考えたのですが、失敗に終わりました。

その後、魏国が倒れて、隋国ができました。前述の魏国国王の息子、高向玄理《たかむこのくろまろ》は隋国の代表として、神功皇后の跡を継がれた聖徳太子のもとを訪れたのです。そして高向玄理は倭国に帰化し、聖徳太子に仕え、ついに隋国王を皇帝とするという親書を聖徳太子から授かり、第二回遣隋使として小野妹子とともに隋国を訪問しました。

隋国王はたいへん喜ばれ、倭国に返礼をするために当時のナンバー2であった裴世清《はいせいせい》を遣わし、裴世清は2年間の滞在をしました。これにより隋国王はついに中国全土を統一したのです。皇帝となるには高天原の教えのラジウム石を使いこなし、それによって国民の健康を保ち、信頼を得ねばなりませんでした。これが高天原の大事な役割だったのです。

なお、高向玄理は後の唐国ができたときも国王を皇帝にするための遣唐使の隊長として、両国を行き来しました。彼はその後、中国の西安に戻り、あの西遊記の話を中国に残しました。

西遊記に登場する三蔵法師とは中国名では玄奘三蔵《げんじょうさんぞう》と呼ばれ、高向玄理のことです。高向玄理のお墓のある西安の興教寺は、斑鳩《いかるが》の都に聖徳太子がつくられた法興寺と近い名称であることがその関係を示しております。

私がこのことを知ったのは2013年4月14日でした。この興教寺が解体の危機にあるという中国のニュースを知り、調べてみたら高向玄理のお墓がある寺であることがわかりました。

西遊記には、河童の沙悟浄《さごじょう》が登場します。河童の伝説は、中国には一切ありません。日本独特の伝説の生き物です。それによって、西遊記が日本の話であることを示していたのでしょう。

高向玄理は聖徳太子が亡くなられた後、遣唐使の隊長をさらに務めるとともに、中国全土に法華の教えを広めました。そして、西暦639年に、今のベトナムダナンの五行山にて、封印されていた孫悟空を助けました。それが西遊記の物語です。

舞台となった「天竺の国」は群馬県にある黒滝山不動寺で、今も黄巾軍の思想となった黄檗宗《おうばくしゅう》の総本山であり、岩山の上に建っています。聖徳太子はここを訪れ法華の教えを悟りました。その名残を留めるのが「馬の背」と呼ばれる所で、断崖絶壁の剃刀の刃のような岩山です。

私が近づいたとき、突然、強い風が吹いてきて吹き飛ばされそうになりました。確かに天に昇るか、地に堕ちるかの分岐点のような所です。もちろん、怖くてそれ以上は進みませんでした。

また、聖徳太子の一番弟子の高向玄理が三蔵法師であった証として、各寺にある聖徳太子の太子堂は、必ず六角形の屋根が載っております。三蔵法師のかぶっていた冠の形なのです。それを見る時にはぜひ、三蔵法師の師匠が聖徳太子だったことを思い出してください。

かつて同じ神のもとにラジウム石を使い、健康に生活していた日中韓の国の人々が、今はそれを忘れて争いが絶えないような状態を見て、きっと高天原の神々は悲しんでいることでしょう。人類は進化していると言われますが、実際は時が経つにつれて退化しているのではないでしょうか。

神の御業《みわざ》とは、人でもなければ生き物でもない、実体を持たない自然放射線のもたらす影響のことなのです。この御業を人工的に操作する今の原子力は、とても許されるものではないでしょう。

危険な人工放射線

人工放射線とは、人工的に放射性物質を濃縮して放射線を強めてしまっています。これにより、自然放射線が本来持っていた生命情報は失われて、殺人情報へと変化してしまいます。その物質を核分裂させると、そこに強力な殺人放射線が発生するのです。一瞬にして情報が破壊され、めちゃくちゃな遺伝子となってしまいます。

その変化はすぐにはわかりませんが、何年か経つととても人の体とは思えない肉体となってしまうのです。そして遺伝子が異常になると、それは子孫まで引き継がれていくのです。

放射線による遺伝子内の染色体異常から引き起こされたダウン症の方は、子どもにおいても遺伝子が引き継がれていきます。

0、2μSvという微弱な自然放射線でも、人の命を救えます。だから0、2μSvという人工放射線が人の命を奪うこともわかります。弱いからといって無害なことは絶対にありません。ただ、全身に影響するまでの時間が違うだけで、弱い放射線なら当たってもかまわないという考え方は間違いです。放射線治療を正当化するためにつくられた疑似理論、疑似科学です。

ホルミシス効果のことを前述しました。人類はなぜ超えてはいけない神の仕組みに手を出したのか。その結果は、取り返しのつかない人類テロとなります。すぐに改めないと、行き着く道は人類滅亡です。

放射能は放射性物質を一度濃縮してその形態を変えてしまうと、後は次々と人工放射線を出す核分裂を繰り返し、最後のラドンの気体となって消えるまでに何千年とかかるのです。そこまで進むまで永遠に人工放射線を出し続けていくのです。

放射線を光に変えて見てみると、ラジウム石から出る放射線はピカピカとして、鋭く瞬間的に放出されていることがわかります。しかし、加工された劣化ウランなどの放射線は、ただ光がぼわーっと出ているだけで、信号を持っていないことがわかります。これにより、細胞内の遺伝子は異常となってしまうのです。生命信号を持たない人工放射線は遺伝子には影響を及ぼすものの、それを正常化することはできないのです。

一度、ウランを濃縮してしまうと、もとに戻す処理はできません。永遠に人工放射線に怯えていかねばならないのです。

福島の放射能汚染

福島第一原発の、津波による崩壊から起こった原発事故は、人類の手には負えない悲惨な結果になっています。対処に当たる東京電力も最初は全員退避の指令を出したのですが、政府から逃げてはいけないと言われて渋々対応をしているとみえて、いまだに時間稼ぎにすぎません。

各建屋はパネルで隠してすっきりと見せていますが、中に手を出せない状態のまま、そのまんまで残っております。地下から湧き出す汚染水は、直接、核燃料に接触しているため、放射能化しており、フィルターなどで処理できるものではないのです。

使用しているアルプスという処理装置も、もともとできないことをやろうとしているので、まともに処理できたことはありません。放射能化した水をどうして処理できましょうか。

どんどんと増え続ける汚染水も、今後、何十年と続きます。それをタンクに貯めるだけでどうするのでしょうか。東日本全体が、汚染水タンクでいっぱいになってしまいます。

汚染水を止めることはできません。また、地下にメルトダウンしてしまった核燃料をどうやって処理するのでしょう。誰が拾い集めてくるのでしょうか。福島第一原発の処理では、何一つ進んでいるものはありません。

4号炉の核燃料取り出しについても、折れてしまったものもたくさんあり、それを取り出すことは不可能です。取れるものだけ取り出して、あたかもやっているように思わせているだけで、根本的解決は何もできていないのです。

チェルノブイリ事故でも、30年近く経っても解決できていないのです。その何十倍もの規模だった福島第一原発事故は、政府はどこまでも隠蔽しようとしていますが、絶対に解決できないでしょう。時がたつにつれて国民にもその恐ろしさがわかってきて、最終的には東日本全体が移住することにもなるでしょう。

政府が言う年間20μＳｖまでは受けてもいいような基準は、地上１ｍの空中線量を測り、それを1年間当て続けた場合の計算値であって、人体の被曝量とはかけ離れた値なのです。

問題は、呼吸による吸収や、食物から人体に入り放射性物質が細胞に接近状態となるという被曝なのです。放射線は、放射性物質から放射状に出ているので、接触した細胞が受ける放射線量は年間何μＳｖというレベルではなく、何Ｓｖという致死量になります。

これは細胞1個の話ですから、それが全身の異常となるには何年とかかります。政府の言う「今すぐには問題はない」はそのとおりです。人体が細胞分裂を繰り返して異常を発生するのには時間がかかるからです。それが人工放射線の恐ろしいところで、被曝したことがわからないのです。被曝後に眠くなったり、咳が出る人のはその症状を示しているということがあります。後で必ず変化が出てきます。

呼吸から入る放射性物質は、たいへんな量になります。空中線量という値は一般的に30秒間の平均値で示しています。しかし、一瞬においては１０００μＳｖに近い値が含まれているのです。実際に、空中の放射性物質の微粒子は、その一つ一つが１０００μＳｖ近い放射線値を出しています。

だから、線量の違いはその放射性物質の密度の違いであり値が低かったとしても、放射性物質そのものが弱いわけではないのです。その粒子１個でも吸い込めば、肺の細胞は被曝します。

東京都が以前、都内の人の肺の被曝量は、２０１１年３月の１カ月で平均６０００Bq（ベクレル）と発表しました（このデータはすぐに見られなくなってしまいました）。これは、家庭のエアコンフィルターの汚染状態から算出したそうです。東京に住んでいても、このような被曝が起こっていたのです。

しかも、こうした住民にとって重要なデータは、国家機密保護法によってさらに隠蔽されていくことになります。肺の被曝については東日本に住んでいる限り、防ぎようがなかったのです。

人工の核分裂から発生する放射性物質は、自然界でできる自然放射線を出す物質とたいへん似ています。例えばセシウムはウランの核分裂によって生じる物質ですが、その構造は人体に重要なカリウムと似ているのです。そのため、カリウムと間違えて人体は積極的に吸収・蓄積します。これが最悪なのです。

ストロンチウムはカルシウムと似た構造をもちます。それで牛も、カルシウムと間違えて牧草からストロンチウムを吸収し、蓄え、それが含まれた牛乳が人体に入ってきます。そんな牛乳を飲み続けている子どもたちの将来はないようなものです。特にストロンチウムは脳と骨に蓄えられて、そう簡単に排出されることはありません。何年か経つと脳障害や白血病が発生します。特に注意が必要です。

一方、カリウムと似ているセシウム（同位体134と137）は、野菜が好んで吸収、蓄えます。野菜を通して人体に入ったセシウムは筋肉に蓄えられます。特に心臓の筋肉はセシウムを蓄えやすく、心臓病を引き起こす原因となります。最近、人が突然倒れたり、突然死などはこのセシウムによるものです。

また、空気中のちりとして多量に放出されたヨウ素（同位体131、132、133、135）は甲状腺に蓄えられます。半減期はヨウ素131で8、1日と短いのですが、今度は放射線の気体であるキセノンになり、さらに放射線を出し続けるので、8、1日で放射線が半分になるということではありません。

放射性物質には半減期がありますが、その核分裂により新たな放射性物質ができるので、放射線が半分になるわけではありません。これを勘違いしている人がいます。特に半減期が短い物質は核分裂速度が速いので、出る放射線量も多く、特に注意が必要なのです。

関東、東北の方のほとんどがこの放射性ヨウ素の影響を受けており、甲状腺の遺伝子異常が起

タウリンカプセル

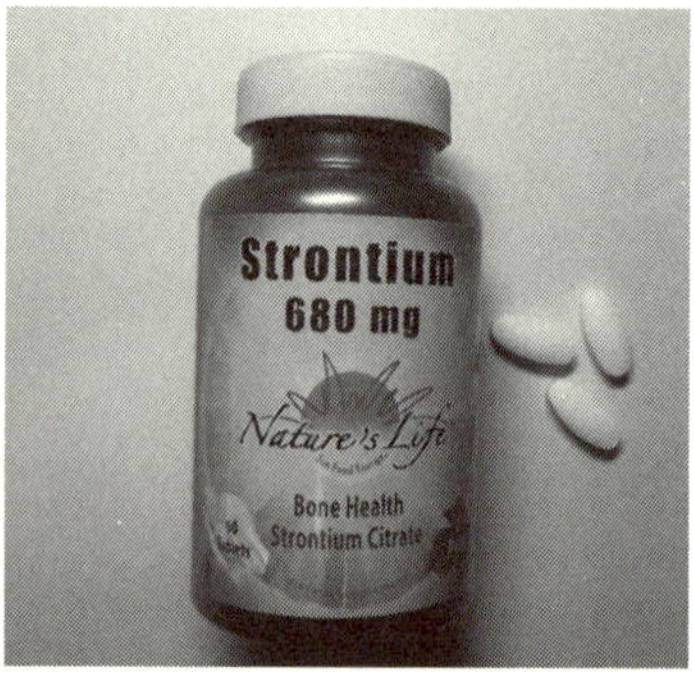

ストロンチウムの錠剤

きて、甲状腺がんなどにかかる状況になっております。

原発事故の後、咳が出たり、喉が痛くなった人は甲状腺異常を疑ってください。適切に免疫力を高められないと甲状腺がんになり、それがリンパに入り、命にかかわる病気になることがあります。ラジウム石を使用したりラジウム温泉に入って、免疫力を高めるという対策を打ってください。

ラジウム石での対策として、例えば約20分ほど喉の下の甲状腺のあたりに姫川薬石を当てておくだけで、かなり効果が出ます。セシウムによる被曝は全身に及ぶため、ラジウム石（姫川薬石）を入れたお風呂に入るのもいいでしょう。

セシウムの排出には、タウリンの粉末を飲むといいようです。日本では医療用医薬品なので誰でも入手はできませんが、アメリカでは健康食品として簡単に手に入れることができます。

ストロンチウムで被曝した場合は、たいへん難しいのです。それは、蓄積される場所が脳や骨髄だからです。排出には時間を要します。一般には、同じ性質のカルシウム錠剤が用いられます。また、無害なストロンチウム87を飲む方法もあります。これもアメリカの健康食品として売られています。これを取り込むことで、有害なストロンチウム90が排出されるのです。

しかし、相手が骨髄ですので、たいへん厄介であり、気長な治療が必要です。繰り返しますが、牛乳は飲まないでください。チェルノブイリ事故のときにも、日本の牛乳に数Bqの汚染がありましたが、これを厚生省は「微量なので問題はない」と言っていたのです。

しかし、それを子どものころ飲んで育った女性たちは、今、乳がんと子宮がんで苦しんでいる方が多いのです。被曝は、忘れたころにやってきます。

最近、ストロンチウムの排出に「カルシウム注射」が非常に効果的なことがわかりました。原発事故でストロンチウム90の降下が多かった群馬県高山村で、高齢の住民が多いなか、たくさんの高齢者が原因不明で亡くなられました。しかし、私の親戚のおばあさんは野山のキノコや山菜をたくさん食べていて、今でも元気です。近所の親戚高齢者は全員亡くなったというのに。

その理由がわかりました。そのおばあさんは骨粗鬆症なので、毎週、病院に行ってカルシウム注射をしていたのです。また、骨粗鬆症という病気が、もともと骨にカルシウムを取り込まないというものなので、ストロンチウムも取り込まないですんだのでしょう。重症の方は、カルシウム注射で対処するのもいいでしょう。

遺伝子を戻すには、やはりラジウム温泉がお勧めです。中でも、原爆症の治療に使われた九州・

別府温泉、山陰・三朝温泉、山梨・増富温泉、新潟・村杉温泉、秋田・玉川温泉が向いています。自宅でラジウム石風呂にする場合は、姫川薬石と花崗岩を両方入れて、相乗効果にしてください。ただ、ラジウム温泉が一番いい方法であることは確かです。

東日本に住んでいる方は、幾ら待っても原発事故問題は解決しません。早いうちに、その傷んだ遺伝子をもとに戻す免疫力向上の対策を行ってください。

しかし、大切なことですが、ラジウム石は被曝から体を守ることはできないのです。被曝した体をもとに戻すだけです。最初から被曝しないことが最も重要であることを忘れないでください。

医学的には、被曝という病名はありません。今の医師は病名を出して、それに対応する薬を処方するだけです。したがって、被曝は病院に行っても治してはくれません。自分でラジウム石で対策するしかないのです。

ラジウム石の工業利用

ラジウム石は、昔から工業利用をされてきました。特に石油のコンビナートではその精製にラジウム石は欠かせません。原油を精製するにあたり、ラジウム石のゼオライト（沸石）を使用します。ゼオライトを通すと、原油は燃えやすい重油となります。成分が変わるのです。

しかし、この理由はいまだによくわかってはいません。ゼオライトが燃えにくい物質を吸着するからだと言われていますが、実際はゼオライトには何も付着していないのです。今では直接触らせずに行っているものもあります。

このゼオライトは、ほとんど人工のものが用いられます。私が新潟県のゼオライトをつくっている工場を覗いたところ、そこには山のように姫川の粘土が積んでありました。人工ゼオライトは、ラジウム石の姫川薬石の粉と硫酸を混ぜて焼いたものでした。要するに、姫川薬石と同じものなのです。

ラジウム石から出る放射線が、原油の中の燃えにくい「ベンゼン環」の物質を分解して、燃えやすいようにしているのです。そのため、最近はこのゼオライトよりも強力な劣化ウランが使用されています。それで、石油化学工場で火災が起こると必ず劣化ウランが出てくるのです。石油コンビナートには放射性物質が必需品なのです。

私も、車のガソリンを燃えやすくするために、ガソリンタンクの上のトランクに大きな姫川薬石を入れてみました。すると、突然、パワーが出てきて燃費が15％ほどもよくなりました。でも、トランクの中に入れっ放しにしていたら、1カ月ぐらいたった頃からだんだん効果が薄くなってきたのです。そこから出してしばらく太陽光に当ててみたら、また復活しました。ラジウム石も、たまに日光浴が必要なようです。

ガソリンタンクの中に入れてしまった方がいいのでしょうが、燃料パイプが詰まってしまうといけないので、タンクの上に載せました。

石油ストーブ用の灯油のポリタンクの中には、いつも姫川薬石を入れてあります。ストーブの火力がまったく違うのです。

私がこのことに気がついたのは、車の燃費の違いからです。年に何十回も新潟県の糸魚川に姫川薬石を拾いに行くのですが、日産のノートという小さな乗用車に、200kg近い石を積んで帰ってきます。帰り道は車が200kgも重くなっているにもかかわらず、行きよりも明らかに燃費がいいのです。それもものすごく違うのです。2割くらいはよくなります。

姫川薬石を積めば積むほど、車のガソリンの燃費はよくなるのでした。これは、前述のように放射線によって、燃えにくい環状炭素構造（ベンゼン環）が分解されたことによるものでしょう。この効果は、自然放射線も人工放射線も同じです。

自然放射線を利用した無公害発電

今、クリーンエネルギーへの関心が高まっています。いろいろな方法がありますが、完全に無公害なものといえば、まずは太陽光発電でしょう。昼間しか発電できないといいますが、それは別として発電の原理が重要なのです。

風力発電といっても、現在のものは原始的なコイルの発電機を回しているだけです。原子力発電も同じようなもので、原子力でお湯を沸かしているだけ、やはりタービンを回しての原始的な発電です。こんな工夫のない発電はロスが多く止めていただきたいものです。電気というものは、導電体の中を電子が移動して生じます。磁石とコイルを使ったのが、電磁誘導から起こる原始的な発電装置です。

しかし、太陽光発電となると、これはまったく違った発電原理です。半導体の金属板に太陽光が当たると電子が飛び出してくる。この電子は仕事をして、またもとの金属板に戻ってきます。だからエネルギー的にはゼロなのです。電子がもとに戻ってくるのですから。

それゆえ、公害も起こらない。光が永遠に当たっていると電子もぐるぐると回り続ける。永遠に電気が起こるのです。そこには太陽光以外はなにもエネルギーが関与していないのですから、これこそ理想的な発電ではないでしょうか。

しかし、太陽光は夜になるとなくなってしまうので、どうしても蓄電が必要になります。そこで思いついたのが、放射線発電なのです。放射線も光と同じ電磁波の性質を持っています。だから太陽光のかわりに放射線を当てても電気が発生するはずなのです。太陽光は遠いところに光源があるので、地球上では平行光線となって、どの位置でも同じ強さになります。

しかし、放射線はその名のとおり、発生源から放射状に出ており、その距離の2乗に反比例して変化します。すなわち、距離を近づければ近づけるほど放射線は強くなるのです。理論的には、距離が0になるとその放射線量は無限となります。

そうなると、微弱なラジウム石でも金属板に近づければ強い放射線となるのです。現状の技術では、距離を限りなく0に近づけるにはメッキという方法が最良です。幸い、前述の愛知県の高木博士がメッキの専門家で、石を金属にメッキする技術を持っておられます。

太陽光発電パネルの半導体の上に、直接、ラジウム石をメッキすることによって永遠に発電する電源が、必ずできるはずなのです。試しに市販の太陽光パネルの上にラジウム石を混ぜた塗料を塗ってみました。わずかながら発電が起こり、真っ暗なところに置いておいてもランタンがかろうじて点灯しました。

しかし、塗料に混ぜたラジウム石と太陽光パネルの間の距離があるため、やはり、直接、発電パネルにメッキをしてみないと理想的な状態にはなりません。メーカーとの共同実験がどうしても必要になります。この放射線発電については、過去にドイツの科学者も挑戦して発電所レベルまで至ろうとしたことがあったそうです。しかし、その後、その科学者は行方不明になってしまいました。

現在の電気エネルギーにまつわる業界は、その利権を守ろうとして、太陽光発電での戸別発電を妨げようとしております。各家庭で戸別発電、さらには放射線発電に至っては使用器具内に組み込むことが可能で、勝手に発電させられるので、発電所はおろか電気配線も不要となり、電気代なども存在しなくなるのです。

車も電源を内蔵してしまえば、現在あるエネルギー産業は必要がなくなります。電気や燃料など、外からはまったく要らなくなるのです。しかし、これらの産業が利益を得ることが経済の中心となっていて、このような放射能・放射線発電は利権を失わせるものであり、あってはならない技術なのです。それで、命を狙われることにもなるのでしょう。

今のエネルギーに関する考え方は、根本的に間違っています。もともと、私たちが使用する器具はその製造代金を払った後は、自由に使えなくてはいけません。それがなぜ、電気代やガソリン代が必要になっているのでしょうか。よく考えれば、私たちはそのエネルギー代とやらにかなりのお金を奪われているのではないでしょうか。

冷蔵庫も使用料はただ。車も燃料はただでいいはずです。日常生活で何ら使用料など払う必要はないのではないでしょうか。冷蔵庫も車も、その内部に必要な電源、エネルギー源を組み込む。電線もコンセントもガソリンの給油も必要ない世界です。放射線発電に秘められた可能性が、その世界を実現に導きます。

しかし、エネルギーの利益を貪る集団がこの開発を妨害しているのです。他人の幸せよりもおのれの幸せだけが大切という、人類の質はここまで低下しているのです。

私の考える放射線発電や、高木博士の考える無限バッテリー、この2つの技術がドッキングして、人類のエネルギータブーをぶち壊す日も近いのではないでしょうか。

神社は病院

山梨県の黒平《くろべら》という山奥の神社に行ってみると、祠の中に丸い石がたくさん置いてありました。石には赤や黄色などの色がつけてあります。これはいったい、何なのでしょうか。

石を調べてみると、花崗岩や流紋岩であることがわかりました。

昔は病気になると神社に願かけに行きました。きっと以前はこの石を持ち帰り、お風呂に入れて、病気を治療していたのでしょう。その石がいつの間にかお札やお守りになって、神社のお金儲けのためのようになってしまったのです。

山梨の山奥の祠にはラジウム石が置いてある。
これで病気を治した。

神社の御祭神とはヒーリング担当の神様であり、そこで石を借りてきて、治ったらお礼をして石を返していたのでしょう。病の治癒が神社の役割だったのです。それで、祠の中の石には色がつけてあり、病気の種類によって色分けがされていたのです。

昔の人は病気になると神社に行き、ラジウム水を飲み、宮司に相談してラジウム石を選んで持ち帰っていたのでしょう。神社は病院だったのです。病気になれば神社に行く。それが、医者がいなかった時代の治療法だったのです。

だから、宮司は石を使う医師でした。きっと昔の人はラジウム石を集めてきて、それで神社をつくったのでしょう。


天皇も、石や水を司るような役割を担われていました。

長野県松本市には、明治天皇御巡幸の際に国民の井戸として指定した「源智《げんち》の井戸」という水源があります。天皇は、国民の飲料水を指定したのです。街の中心部にこんこんと湧き出す天然の井戸です。水が四方から流れ出すようになっており、四方向で水を汲むことができます。飲んでみると少し硫黄の臭いがする冷めた温泉のような天然水で、とてもおいしかったです。

このほかにも、松本市の街中にはたくさんの共同井戸がありました。

古来、天皇は、国民の健康を守る責任があったことがよくわかります。本来の神皇（天皇も）の役割は、民の健康と命を守ることであり、それはラジウム石やラジウム水を国民に指定し、健康管理をしていくことでもあったのです。明治天皇は、後醍醐天皇以来行われていなかった本来の天皇（南朝天皇）としての役割を果たされたのでした。

天皇は国民の健康維持を役割としてもたれ、それを伝えるために高天原があったのです。それが、天皇を神と崇めてきた理由です。

また、鳥取県東伯郡には、天皇水という水源があります。ここは、後醍醐天皇伝説の一つです。天皇が船上山からの下山途中、急に喉の渇きを訴えられて従者が困っていると、近くの大きな岩を指さし、動かすように命じたのです。すると、清水が湧いて出たということで、この伝説の地「天皇水」には今も清水が湧き出ています。

洞窟に住んでいた神様

今から6000年前のお話ですが、富士文献にこんな記述があります。天照大神様が大山祇命《おおやまづみのかみ》を皇居に呼んで、「今の神々は洞窟に住んでいますが、これからは私のように木の家に住むのもいいものです。山で木を育てて木の家に住むことを推進しなさい」と。

このことにより、大山祇命は山の神となり、木の育成を進めたのでした。

このとき、大山祇命が娘の木花咲耶姫を連れてきており、笠沙《かささ》の岬で花を摘んで遊んでいる姫を見た瓊々杵命《ににぎのみこと》が一目ぼれして結婚したという神話は有名です。

このように、縄文時代の神様と呼ばれた方たちは穴蔵生活をしていたのです。夜、居住地で寝るときは岩盤や土から出る自然放射線を浴び、ラドンが満ち溢れた生活が基本でした。

庶民たちは竪穴式住宅（これも、地面を掘り下げて地表より低い位置に床がありました）に住んでいましたが、神様と呼ばれる方たちは穴蔵に住んでいたのです。そして天照の時代になって初めて木の家に住むようになりました。

木はもちろん、自然放射線を放つカリウムからできており、自然放射線を放出しています。それが木の香りなのです。この6000年前の天照の時代以降は、神々は木の家に住むことになったのです。神殿は木造建築でした。

このように人間にとって、夜、寝るときに良い環境は、洞窟か木の家なのです。

しかし、最近は木の家のかわりにコンクリートの家に住んでいる人も多くいらっしゃいます。コンクリートは石灰岩からできていますが、ラジウム石とはほど遠い石です。ラジウム石が生命信号を持っているのに対し、石灰岩は生物の死骸からできており、放射線もほとんど通しません。長い時間、コンクリートだけに囲まれた環境にいた場合、自然放射線をあまり通しませんので、生物は頭がおかしくなり、やがて死んでしまいます。コンクリートの住宅はとても危険なのです。

だから、理想的な住まいは石造りや木造りの家なのです。床や壁に花崗岩や流紋岩を敷き詰めると「長寿の家」ができそうです。ただし、大理石は石灰岩なので使うのはやめましょう。

特にお風呂場は、陶器の浴槽にしたり、タイルで床や壁を張るといいでしょう。ラドンに満ち溢れた長寿空間になります。家のあちこちにラジウム石を置くのも効果的です。精神状態に大きく影響を及ぼします。

ラジウム石を拾いに行こう

ラジウム石は、日本中、至るところにあります。特に花崗岩は、どの地方にもあり、どこの石屋さんでも必ずあります。その破片をもらって帰ってもいいでしょうし、プレートに加工してもらってもいいでしょう。お近くに石屋さんがないという方は、ホームセンターに行けば、1個100円のブロックから数千円のプレート状のものまで販売されています。

しかし、流紋岩となりますと、石屋さんでもなかなか見つかりませんので、石のとれる場所に拾いに行くしかありません。もちろん、インターネットの通販でも販売していますが、自分で拾いに行けば、自分に合った、自分と同調しやすい石が見つかる可能性が大です。石拾いに行くと、自分を呼んでいる石が拾えるのです。

プレートが欲しい場合は大きな石を持ち帰り、石屋さんにカットしてもらいます。石屋さんは全国の地方にあります。石屋さんは墓石屋さんでもあります。

また、プレートにしたものが1つ800円から5000円ぐらいでネット販売もされています。

ラジウム石でアクセサリーをつくりたい場合は、流紋岩を粉にした天草陶石の粉が陶芸材料店やネットで売られています。早い話が、陶芸の粘土材料です。これを水で練って粘土にして形をつくり、乾かしてから陶芸窯で焼き、陶器にします。これでも放射線量は変化しません。陶芸釜は安くはないですが、良い趣味にはなると思います。かわいいオリジナルペンダントなどができるのではないでしょうか。

アクセサリーとして販売されているものとしては、流紋岩質と同じ黒曜石を玉にしてひもを通したブレスレットなどが、2000円から3000円で売られています。黒曜石と一見区別がつかない、トルマリンでできたものもよく見かけますが、トルマリンは自然放射線は出ていませんのでラジウム石ではありません。電気石なので、ラジウム石を活性化させる触媒としては使えます。


流紋岩は九州の火山の溶岩であり、黒曜石などもまったく同じ流紋岩です。特に九州の阿蘇山、桜島の溶岩は線量が0、25μSv前後の良質の流紋岩です。溶岩なので簡単に拾えますから、観光で行ったときにも、必ず拾ってきましょう。

ほかの流紋岩のとれる場所は、新潟県の糸魚川の海岸です。また、秋田県の男鹿半島の海岸、静岡県伊豆半島の土肥の海岸、長野県から流れる天竜川の川原などが代表的な場所です。この場合も、手で拾う程度はいいのですが、道具を使っての作業は違法行為になることもありますので、注意してください。山で拾うにしても限度をわきまえて、常識のある範囲で行ってください。

糸魚川の海岸にある姫川薬石について説明します。糸魚川の姫川薬石は、新潟県を流れる姫川の支流である小滝川のヒスイ峡付近が原産地で、翡翠になる前の火成岩なのです。（折り返し写真参照）

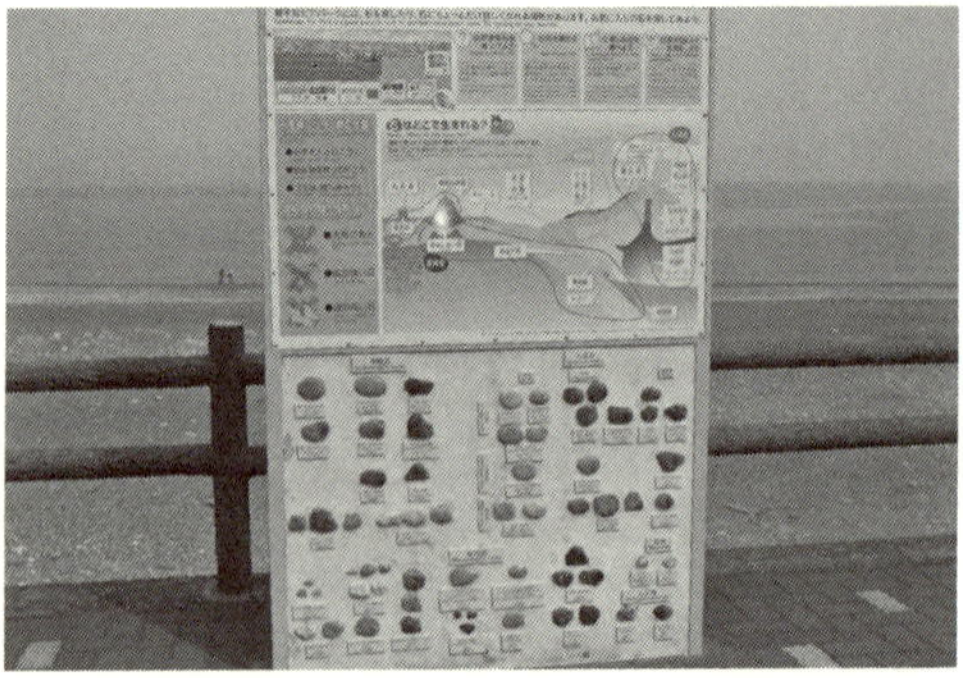

姫川薬石拾いーピアパーク石の標本
振海岸駐車場海から近いトイレもある

一度だけ、現地の翡翠販売所で、半分が緑色のきれいな翡翠になっている姫川薬石を見たことがあります。最近、糸魚川のフォッサマグナの地層が地球の内部を見せてくれる自然の遺産として、「世界ジオパーク」の認定を受けました。そのため、海岸には石の観察のための標本が示してあり、石拾いには便利です。この石の標本にある、流紋岩と書いてある石を拾えばいいのです。

白い石から茶色い模様がある石まで非常に種類が多く、海岸の石の3分の1くらいがこの流紋岩になっています。特に虎模様のきれいな石は珍重されて、高い値段がつけられています。一方、白い石ならばいくらでも拾えます。1時間も拾えば、バケツいっぱいになります。

小さな小石を集めて、石焼きイモや石焼きトウモロコシを作ったらとてもおいしくなったと聞いています。いろいろな野菜をアルミホイルに包んで石焼き料理もいいでしょう。秋田名物には、男鹿半島の焼け石を入れた評判の高い「樽料理」があり、これにはラジウム石が使われます。

糸魚川の海岸は冬は季節風が強く、波が高くて非常に危険です。ましてや雪も降りますので、姫川薬石拾いは4月から11月の間にしてください。拾える海岸は夏の海水浴の頃はたいへん混雑するので（各海岸は海水浴場として駐車場やトイレ、シャワーの設備があります）、避けた方がいいでしょう。簡単な地図を載せておきます。

石を拾う海岸の西は富山県朝日町の宮崎ヒスイ海岸（境海岸）から、東に行くと市振《いちぶり》海岸、親不知《おやしらず》ピアパーク（道の駅）、ラベンダー海岸、青海《おうみ》海岸があります。ラベンダー海岸以外には、

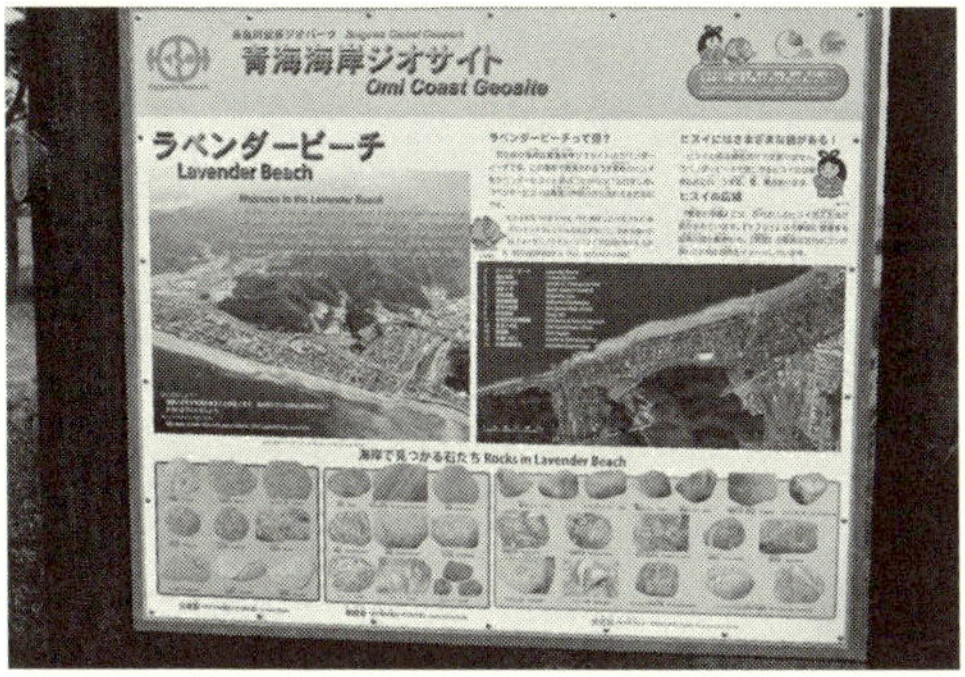

姫川薬石拾い　ラベンダー海岸石の標本

姫川薬石拾い　ラベンダー海岸

姫川薬石拾い
市振海岸奥の漁港の堤防近くがよい模様の石が拾える

駐車場があり、トイレ、シャワーは各海岸ともあります。

ラベンダー海岸、青海海岸ピアパークでは、入る手前に石の標本がありますから、必ず確認してから拾いましょう。

糸魚川の海岸はとても広く、ラジウム石の小石でできた浜です。拾い疲れたら石の上に20分ぐらい寝てみてください。本格的な岩盤浴となりますので、足腰の痛みはいっぺんになくなり、とてもいい気分になれます。石はあなたに話しかけてきますので、話を聞くような意識でいてください。これが石拾いの醍醐味です。面倒だからと業者から買うのではなく、海岸での石拾いが病気治療の第一歩であることを忘れないでください。

花崗岩系のラジウム石の代表であるニニギ石は、山梨県昇仙峡付近の川や山で入手できます。あの昇仙峡の奇岩は、すべてニニギ石です。ニニギ石は微量のウラン235を含有しており、そこから出る自然放射線が人間の生命を支えてくれる信号を持っています。脳、神経、生殖器へとたいへんな生命力強化の生命信号を出してくれるのです。

また、消臭やウイルスの殺菌効果もあり、インフルエンザなどのときの必須アイテムと言えましょう。そんな意味から、ぜひ、家庭に備えていただきたい石です。この石はネットでもあまり売っていないので、拾いに行きましょう。

昇仙峡からさらに奥の金櫻《かなざくら》神社の表参道鳥居から手前50ｍくらいのところに、夫婦木《みょうとぎ》神社があ

ニニギ石・ウラン鉱石拾い地図

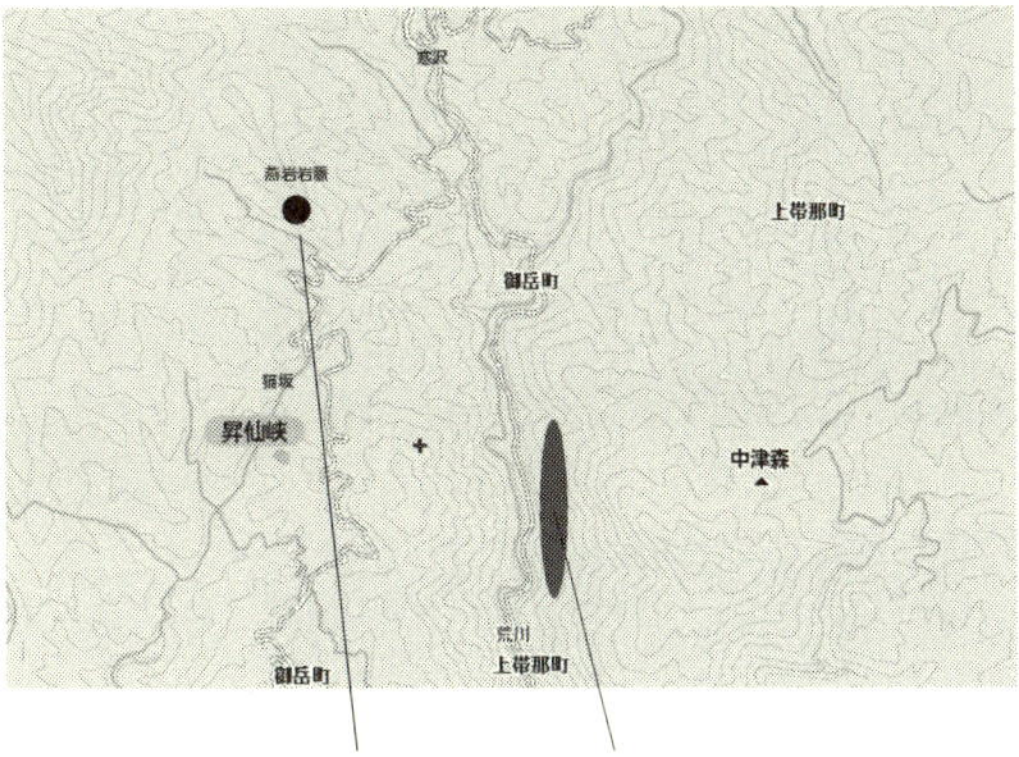

ニニギ石　婦夫木神社脇の林道を４㎞進むと向かい側に燕岩脈の大きな崖が見えてくる。
この崖の下で道が右に大きくカーブしている所から50m くらい林道（悪路）をのぼる。
そこを流れる沢でも拾える。
大きな岩がゴロゴロしているので、ハンマーで割る。

ウラン鉱石　荒川ダムの脇の道を奥に行く。
途中に板敷渓谷があるので、この沢でも拾える。
板敷渓谷より先は道路脇にたくさん落ちている。
落石が多いので注意。
この道をまっすぐ行くとニニギ石拾いの道と合流する。

ります。神社手前の小さな橋を渡ると、その奥が、黒平《くろべら》という所で、集落に通じる林道があります。夫婦木神社から約４kmぐらい行くと、大きな岩脈が見えてきます。これが燕岩《つばくろ》と呼ばれるもので、１１００万年前の黒富士山の溶岩からできた御嶽昇仙峡花崗岩（ニニギ石）なのです。放射線を出すラジウム石であり、岩の中で石英が結晶して、きれいな透明の水晶になっています。このニニギ石には、水晶ができるのです。

ニニギ石拾い燕岩脈これがニニギ石

ニニギ石拾い車を止めた所から少し登るとニニギ石がごろごろとしてる。

この岩脈に道路が突き当たったところで、右に大きくカーブして、木材運搬の林道を50ｍぐらい上ると、ニニギ石を砕いた岩がごろごろしています。おそらく、昔、水晶を掘った跡でしょう。この岩をハンマーで割って持ち帰ります。ハンマーが用意できない人は横を流れている沢で石を拾いましょう。できれば大きな石を割った方が、硬くて崩れないという傾向があるのでお薦めです。現場は林業の作業場になっているので、邪魔にならないように注意してください。

そこから300ｍぐらい進むと、「天然記念物燕岩岩脈」（石ではなく、その露頭が天然記念物）の看板が立っています。天然記念物の看板の所の岩を割ったりしてはいけません。必ず、崩れて転がっている石にしてください。細かく砕いて枕に敷いてみるのもいいでしょう。目に当てたり、枕元や枕の下に置いたりして使います。この他、黒平の集落を流れる川で、きれいなニニギ石を拾うことができます。中には赤いものもあり、きれいなニニギ石です。ただし、黒平での石拾いは、最近水晶の盗掘者が増えて集落の人たちが困っており、取り締まりが強化されております。節度ある石拾いをお願いします。集落の中を流れる川での石拾いの方がいいかもしれません。

枕元で使う初日は夢見が悪いことが多いようですが、2日目からは熟睡できます。また、ニニギ石のとれる近くの場所で、同じ作用のあるウラン鉱石も拾えます。こちらは道端に転がっています。しかし、ラジウム石なのでその放射線が岩にひびを入れるため落石のたいへん多い場所で、道路がしょっちゅう通行止めになります。注意が必要です。

また、ニニギ石のとれる場所の沢は、野生の動物たちの水飲み場になっており、夕方になると、シカやクマが水を飲みに来ます。動物たちが人を襲うようなことはまずないですが、ここでは自然のルールがあります。絶対に動物たちの神聖な水飲みを邪魔してはいけません。

①青海海岸　駐車場トイレ施設は整っているが、海岸が狭くて拾いにくい。
あまり石拾いの人はいないので穴場。

②ラベンダー海岸　一番広い海岸で、ラベンダーヒスイが拾える海岸。
団地になっているので駐車場はない。
センターにトイレとシャワー有り。石の見本もある。
かなり場荒れしていて、模様のきれいな石は少ない。
白い石ならたくさんある。

③親不知ピアパーク　道の駅になっていて、トイレ、シャワー、レストラン、
みやげ物屋もある。人が多いが意外と石拾いの人は少ない。
ヒスイ拾いの観光客が多い。石の見本がある。

④市振海岸　駐車場とトイレ、シャワーがある。一番拾える場所です。
親不知側は波が荒く急なので注意。反対側の漁港堤防付近まで
行くとたくさん拾える。
しかし海岸を１㎞くらい歩かなければならない。
たちの悪いノラ猫とウミネコがいるので注意。

⑤宮崎海岸　日本夕日百景に選ばれたきれいな海岸。
玉石の海岸で昼寝もいい。
駐車場、トイレ、シャワーがある。
ヒスイ海岸と言われていつもヒスイ拾いの人で賑わっている。
ここだけ富山県朝日町になる。付近に温泉が多い。

PART 2
巨大隕石の遺伝子情報

りませんが、これにはたいへん、重要な要素があります。

「ナルト」の生命情報

私は、隕石についていろいろな実験を積んできましたが、これにはたいへん、重要な要素があります。

まず、この宇宙で最も大切なのは生命です。この生命というものの定義がわからないといけません。

「日月神示」にも、富士山の岩戸を開くと、「瓊瓊杵尊《ににぎのみこと》のお出ましぞ」とあります。「この方は富士のお山に腰かけて世界を守るぞ」とあり、その次に「この方、生命の謎を解くぞ」と書いてあります。その部分が本書のお話です。

生命の謎について、意外と今の生理学者はわかっていません。実はこの謎を解き明かせるのは、物理学なのです。しかし、物理学者もそれに気づいている人は少ないですし、主体は放射線のため、生理学も物理学と余りにもかけ離れているために、どの学者にも理解できない部分があるのです。そこを掘り下げていきましょう。

まず、生命の条件について。生命というのは繰り返される細胞分裂のことです。細胞が2つに分かれて、それが永遠に続いていく。それが止まれば生命はないのです。したがって、生命の条件というのは細胞分裂が続くということです。細胞寿命は短いですから、それが止まった段階で生命はなくなるわけです。生命体というともうちょっと広い範囲がありますが、生命というものであればそうなります。

では、細胞分裂というのは何かと考えたときに、実は細胞分裂というのは一種の核分裂なのです。細胞の核というものが分裂していくのです。

その核が遺伝子で、その細胞を決定づけるものです。最初の細胞は、万能細胞といわれるもので、遺伝子が決定づけられ、その細胞に分裂していきます。この遺伝子を決定づけるものが、実は放射線による作用なのです。生命活動は、放射線によって成り立っているものなのです。

次に、19ページの図のように、一番上に「生命の誕生」があります。

では、生命というのはどのようにしてこの地球に生まれたのか。最初は、地球には何もなかったわけです。ガスが固まって石ができ、どろどろして、生命体のない状態。そこに生命が発生するためには、酸素と窒素と炭素と水素の結合体からできる、いわゆるたんぱく質の一種であるアミノ酸という物質が存在しなくてはなりません。

そのアミノ酸に自然放射線が当たると、核分裂を起こして2つに分離するのです。これが生命のルーツとなります。

たんぱく質を螺旋状に表していますが、アミノ酸の複雑な結合になってきます。まったく同じものと考えてもいいのですが、もっと複雑になり、螺旋的な結合になってくるのです。

この螺旋結合が、生命情報なのです。ＤＮＡもみんなこうした螺旋です。一般的にこの渦を「ナルト」と呼んでおります。「ナルト」と言いますと、「鳴門の渦」が思い出されます。

「鳴門の渦」は、鳴門海峡が有名ですが、本当は、渦があるから「ナルト」というのです。渦がある海だったから、鳴門という地名になったのです。

この「ナルト」というのが生命情報になる大事なものです。たんぱく質はそれを持っています。したがって、ここから生命体としての要素が出てくるわけです。

繰り返しますが、アミノ酸とたんぱく質はまったく同じであり、アミノ酸が複雑化したのがたんぱく質。たんぱく質に、放射線が当たるとたんぱく質が分解する。これが細胞分裂の基本原理なのです。こうして生命が発生しました。

「生命とは、永遠に続く細胞分裂」。放射線がある限り、この細胞分裂は永遠に続いていくわけです。

隕石は意識体

また、コンゴでとれる、１０００μＳｖも出る強烈な石があります。ウラン鉱石であり、ピッチブレンドという名前をつけられていて、そのペンダントをつけて歩いている人がいますけれども、そういう人が近くに10分間いるだけで、年間被曝量を超すぐらいの放射線を受けます。けれども、何の害もないのです。むしろ、身体にいいとさえ思えます。

その強烈なピッチブレンドは、やはり、もともとは巨大隕石と言われています。地球環境にも影響を及ぼす巨大隕石は、必ずや人体の健康にも好影響を与えるのではないかと思います。

大事なことは、隕石こそが私たちの生命の基本情報を届けてくれたということです。そして、それがもっている基本情報は人間と反応するものであり、意識体であるということ。ラジウム石は生命体でもあるのです。

今までの常識を覆すような、こうした情報を知っていただき、生命というものの秘密をぜひここでひもといてほしいと思います。

生命は、放射線が届けてくれた。その放射線は、隕石によってもたらされた。その隕石に載った放射線の生命情報は、かつて他の星に栄えた生命が送ってくれた。そしてそれを永遠に引き継ぐのが、隕石であるということです。

したがって、この地球はたいへんよくできています。そうしたラジウム石が粉になり、土になる。そして、その土が植物を育てる。植物は土からとったカリウムからビタミンを作り、他の生命体、人間にもビタミンや自然放射線を届ける。人間はそれによって、健康維持、管理をしていく。実によくできているではありませんか。

しかし、このサイクルを破壊するのが、人工の原子力です。放射線の自然界の理に合わないような、強制的な核分裂を引き起こします。そこから発生する放射線は自然界にはなかったものです。

そのため、本来の自然放射線に載っていた生命信号は失われて、デタラメの信号となっております。ストロンチウムについても、ストロンチウム90というのはもともと自然界にはありません。87などはありますけれどもね。

植物も動物も、放射線によって生きているわけですね。人間も含めて動物は、カルシウムを吸収して生きています。それがカルシウムのかわりに有害なストロンチウム90を摂取して骨に蓄えてしまうのです。

植物は、地面から大事な放射線を得てカリウムを吸収しているのに、間違えて人工放射線のセシウムを吸収してしまいます。

動物はストロンチウム、植物はセシウム。これを吸収・蓄積する素地を持っているわけです。そしてそれは人間が食べることによって体内に蓄積されていくのです。そして、微量でも貯めていくことにより、被曝していくのです。なぜならば、この放射性物質が体内に入ると、細胞に密着し、その細胞の受ける放射線量はたいへん強いものになるからです。

人工放射線物質ほど恐ろしいものはありません。そして、セシウムの排出にはセシウムと同じタウリン、ストロンチウムの排出には放射線の出ないストロンチウム87がいいとはいいますが、そのタウリンですら、間違ってセシウムを吸収した生命体からとったタウリンであったら、よけいに被曝してしまいます。

だから、放射線の排出はたいへんなのです。このサプリメントがいいといっても、絶対ではない。むしろ、よけいに汚染される可能性があるのです。カルシウムの多いものにはストロンチウムが入りやすい。だから、牛乳などもストロンチウムに汚染されてしまっているものも多く、たいへん危険な状態です。

もう、ここまで来ると、ラジウム石を使用するしか方法はないと思っています。これから先、たいへん厳しい時期を迎えます。お医者さんですら、なす術《すべ》もなくなるようなときに、このラジウム石の知識は必ずや皆様のお役に立つと思います。

ぜひ、今のうちに、できれば拾いに行ってほしいですね。山梨県尾白川の隕石もまだあります。黒い石なのですが、まだまだいっぱい落ちています。姫川薬石も海岸に幾らでもある。先述したように、石は意識を持っています。必ずあなたに語りかけてくる石があります。その石が最もあなたにとってふさわしいものなのです。だから、石は自分で拾いましょうとお勧めするのです。

遺伝子と放射線

ここで、先述した細胞の決定要因を見てみましょう。27ページの図のように、だんだんと複雑になってきます。

ｉＰＳ細胞とかＳＴＡＰ細胞とか騒いでいますが、ｉＰＳ細胞とは、２００６年に発見された、新しい多能性幹細胞で、常に多くの細胞に分化できる分化万能性と、分裂増殖を経てもそれを維持できる自己複製能を持たせた細胞のことだそうです。万能細胞と呼ばれる由縁ですね（ただしこれは細胞分裂の一過程なだけで、そのような細胞が存在しているという今の考え方は間違っています。全ては実験結果があるだけで、研究者はだれもその原理を説明できないのです）。

分化万能性をもった細胞という意味では、元をたどれば人間の細胞はすべて、たった一つの受精卵が増殖と分化を繰り返して生まれたものですから、最初はそうしたものだったのです。元々は、万能細胞から生まれているのです。

では、ｉＰＳ細胞をつくるにはどうすればいいか。これは簡単ですね。この自然界の放射線をすべて遮れば、細胞は遺伝子が決定されないままで、すべてｉＰＳ細胞なのです。

既に遺伝子が決定された細胞でも、放射線を遮ればリセットされて万能細胞になります。例えば生命体を鉛で包めば、全部、ｉＰＳ細胞になるわけです。ハイテクな研究室など要りません。学校の実験室レベルで十分できることです。

では、なぜ細胞は分裂して、狙い通りの細胞になれるのか。ここが大事なポイントなのです。

まず、万能細胞として存在している。それが例えば指の爪の細胞になる。それにはどういう働きがあるのでしょうか。新聞記事として掲載されていた説明では、万能細胞から遺伝子が決定され、その細胞になって分裂していくということでした。しかし、今、ノーベル賞レベルの研究でもわかっていないことは、それを誰（なに）が、どのようにしてやっているのかということです。したがって、万能細胞などが作れても、そうしたことがわからないでいるならば何の意味もないのです。

そこを私が見事に説明いたします。簡単な話なのです。

まず、大事なことは細胞の中の核というのが遺伝子だということです。その遺伝子が、その細胞が最初に何になるかを決めるのです。

遺伝子というものは、そう簡単に変化できません。遺伝子を変化させることができるものは、この広い世界でも放射線だけなのです。放射線以外には、遺伝子を変化させるものはどこにもない。これを覚えておいてください。遺伝子は放射線しか動かせないということ。

そこまでわかると、大体、見えてきます。

放射線が当たると、遺伝子が変化する、決定づけられるのです。万能細胞の状態から、決定された細胞になる。そこで、複雑な人間の体内の作用が働きます。27ページの図にあるように、まず指の細胞をつくれという決定は、意識が行うのです。ストレスからくる意識です。

物を持とうとしたが、指がないと持てない。そのストレスが、「指をつくれ」という指示になってくるわけです。その指示により、指の細胞というものがどういう遺伝子構造なのかの情報が必要になります。その情報は、DNAに入っています。「あなたの指の細胞はこういう構造です」という情報を、自分自身のＤＮＡが持っているのですね。ＤＮＡとは自分自身の百科事典なのです。だから、実験室で臓器などをつくっても、自分の情報からできたものではないから、拒絶反応があり、いずれ役に立たなくなります。自分の臓器は自分で作るしかありません。

自分の意識体が、「指をつくりなさい」と指示したところで、指の細胞の情報を、ＤＮＡから引き出します。自分の意識が引き出すのです（指の細胞と言っても実際は指のいろいろな部分の細胞情報があり、それが複雑に発せられます）。

そうして引き出したＤＮＡ情報は、たいへんに複雑なものです。それを運ぶのが自然放射線なのですね。放射線というのは非常に周波数が高く、たくさんの情報が載せられます。自分の細胞の情報を意識が放射線に載せ、それが伝えられるのです。自然界の放射線に運ばれて遺伝子に到達すると、その遺伝子が決定づけられて、細胞に分裂していきます。

それにかかる時間が通常で20分です。１個の細胞ができてくるのは20分。例えば、人間の指１本でしたら、３週間ぐらいでじゅうぶん完成します。

これは、自然治癒力として、人間の中で自然界の放射線を使い常日頃行われていることなのです。自然治癒力とは誰でもわかるように、自然界の力で病を治す力です。しかしいくら調べても誰もその理由（自然界の力）を明快に説明したものはありません。病が治るのですからそこに何らかの力が働いているはずなのです。

では、その力とはなんでしょう。自然界にある力、それは自然放射線以外にはないのではないでしょうか。そう考えると、確かに自然放射線は地面や食物から人間の体内に常に入ってきています。どこにいても、体に影響する自然界の力です。私の生命の発生原理が分かれば、それは当たり前のことだと理解されるでしょう。

自然治癒力とは、自然界の放射線によって自ら細胞の異常を治す力と言えるのではないでしょうか。他に自然治癒力の根拠を説明できるでしょうか。

今、いかに医学が発展していたとしても、病気の治療の根底にはやはり、自然治癒という力が不可欠なのではないでしょうか。この、病について最も重要な事が、医学会に理解されてないのです。

そして、ただ治すと言いましても放射線が治すのではありません。何度も述べたように、放射線に載っかった情報が治すのです。遺伝子の情報が、正しい細胞をつくる要因となります。自然界の生命活動というのは、たいへん、精妙なものです。正確に自分のＤＮＡ情報を持ち、それを正確に放射線が伝えてくれるのです。だから、遺伝子は放射線でしかいじれなくなっているのです。

ここまで分かれば、人工放射線がどういったものかも分かりますね。人工放射線には、自然界から与えられる情報が載っていません。人工放射線を多くあびることにより、細胞の遺伝子がめちゃくちゃになり、最期は人に非ずという体になっていきます。

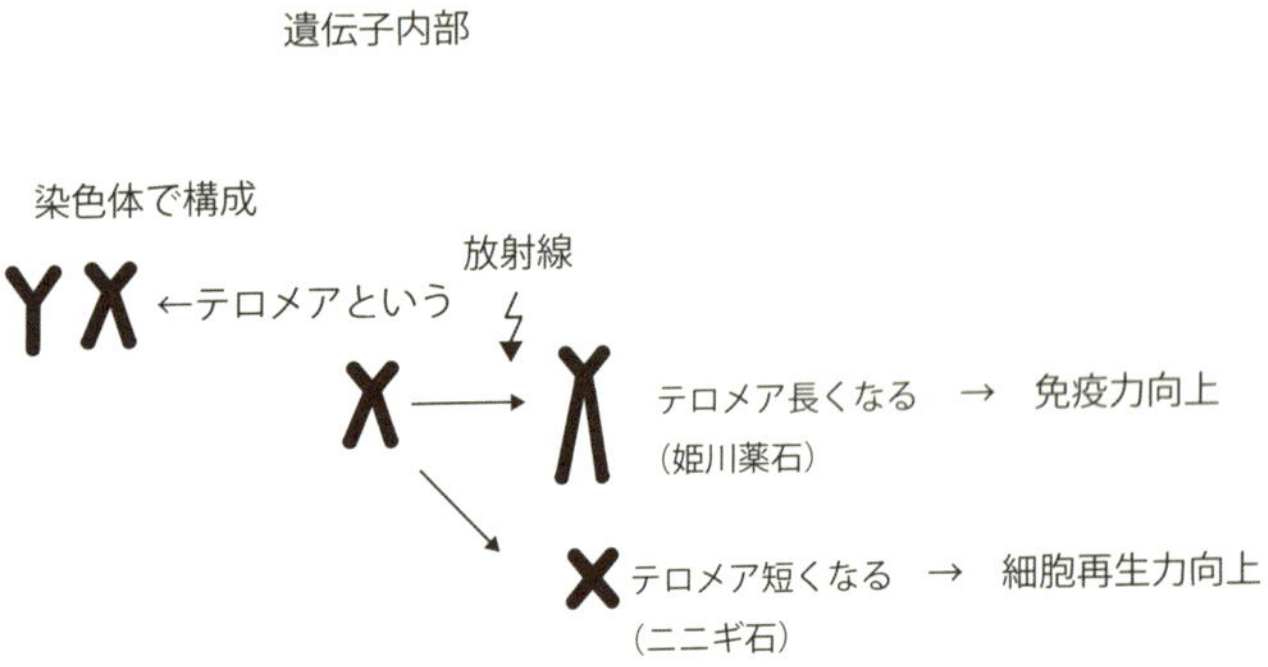

放射線は電波と同じ。それに乗る情報が重要である。

さて、このDNAの遺伝子情報で細胞分裂での遺伝子が決定されると言ったでしょう、放射線で。ここですよ。いいですか、遺伝子が放射線で決定されるのです。では、遺伝子とは何なのか。実は遺伝子というのは人間の場合ですとX型とかY型というものがあり、図のように、XとかYの形をした染色体というものの集合体でできています。

実際に医師の方に確認してもらったら、その染色体に放射線が当たると、放射線のタイプ（載っている情報）によってX型の染色体の足が長くなったり、短くなったりするのです。

染色体というのは、遺伝子を構成している物質です。だから遺伝子をいじるというのは、染色体をいじっているということと同じです。ここにX型で足が長いのと短いのがありますね。人が姫川薬石を手に握った場合、人体のX型染色体の足であるテロメアが長くなったものが、医学的数値で60ng（ナノグラム）増加したと、研究者の先生が測定されました。

その足の長いテロメアの60ｎｇ増加とは、医学的にはどういうことですかと先生にうかがったところ、「これは驚異の免疫力です」とおっしゃいました。免疫力とは、いわゆる細胞をもとに戻す力です。この免疫力があればいかなるがんも治りますということなのです。ここで、姫川薬石ががんを治すことが医学的に実証されました（もともと漢方薬の虎石として認められてはいましたが）。

この免疫力で、いかなるものも治ります。そして、それは今の医学の世界では実現不可能なのです。それほど、このラジウム石の及ぼす遺伝子への影響力というのは、甚大なのです。

私の最初の二大ラジウム石の一つは、姫川薬石（折り返し写真参照）、流紋岩でした。ルビジウムのβ崩壊を中心とした自然崩壊で、自然放射線が出ています。β崩壊ですから主にβ線です。しかし、β線がどうこういうことではないのです。放射線はただの搬送波、信号を運ぶ電波にすぎません。

それに載る信号が大事なのです。だから、β線がなにかをするというのは間違いで、β線に載った信号がなにかをするという話です。そこを間違えないようにしてください。

もう一つのラジウム石がニニギ石（折り返し写真参照）と名付けた花崗岩です。これはウラン235を含んでおります。α線を主体とした放射線を出しています。

ニニギ石を頭に当てると、すごいですよ。脳に直撃しますから。脳が活性化して、すごい覚醒が起こります。実はラジウム石というのはガイガーカウンターで測って平均0、3μSvとか0、2μSvとか言っていますが、これは基本的には30秒間の平均値です。

では、実際はどういう出方をしているか。これを映像化してみればいいのです。前述しましたように、放射線を光に変えて撮影したのを見た時は、ぴかっ、ぴかっ、と光っていました。放射線の場合、一瞬、1000μSvぐらい出るのです。強烈なので、一瞬です。そして弱いものも出ており、それが規則的に変化しています。それによってテロメア、遺伝子をいじっていたのです。テロメアを長くすると、免疫力が増します。

しかし、先生が他の石を測り、「橘高さん、こちらのニニギ石、あとウラン鉱石、これはテロメアの足を短くしますよ。だから免疫力は低下します」と言われました。

確かに、例えばがんを治そうと、ニニギ石を使ってがんが大きくなったという人がいるのです。ただし、大きくなったというだけで、悪化ではありませんでした。なぜなら、そちらも治ったからです。

がんは大きくなって、石灰化して死滅してしまったのです。ニニギ石ではがんは大きくなる、でも、治る。姫川薬石では小さくなる。しかしニニギ石ではどんどん正常細胞を作っていくという作用があるのです。

テロメアの足が短くなったということは何を意味しているのでしょうか。その細胞の寿命が来たということなのです。しかし、それは同時に次の細胞をつくれという指示でもあるということが分かりました。

ニニギ石から出る放射線の、その細胞再生力の物すごさについては、実感しています。手を切ってしまった際、すぐ絆創膏を貼って処置しても、血が止まらない。そこでニニギ石を患部につけたまま20分おきますと、もう傷がくっついています。物すごい効果です。

先述しましたように、約20分間で1つの細胞分裂が行われます。20分も経つとほとんどの皮膚細胞が完成して、もう、傷口は塞がっているのです。驚異の細胞再生力。

こうした作用があれば、あらゆる病に対して対応できるのではないかと思えます。特にニニギ石には脳細胞の再生治療には驚異的な効果があります。

それが、私のラジウム石に関する基本的な考え方です。

ラジウム石はこの2種類だけではないですが、大きく分けると、この2種類のタイプに分類されます。花崗岩系か流紋岩系かです。

ここで大事なのは、ともに火成岩である、マグマからできているということなのです。

このマグマからできた火山岩、火成岩が、なぜ私たちの生命の基本の信号を持っているのでしょう。私たちは、こうした石によってつくられたとしか思えないのです。それが不思議でなりません。

人類のルーツは何なのか。なぜ人間は存在しているのか。なぜこの地球の生物はいるのか。どこから来たのか。どのようにしてできたのか。

生命は、石の自然放射線がすべてを管理しています。自然放射線がなかったら厳しいですね。

私は、人工放射線についてはすべてノーです。人工放射性物質は1Bqでもノーです。人工放射線が細胞に接すれば、その細胞は異常化します。

特に、染色体について、詳しくは専門家や専門書にゆずりますが、染色体については男性がY型がいくつでX型がいくつ、女性はいくつなどと決まっているのです。犬や猫ではまたその構成が違います。

それが、生命体を区別しているのです。大事なことですから繰り返しますが、その染色体、テロメアをいじれるのは放射線だけです。

したがって、この自然界の放射線に反するわけのわからない放射線を浴びた場合、その染色体には強烈な影響が及ぼされます。それが、先天性、後天性の疾患となるのです。

例えば、ダウン症とは体細胞の21番染色体が1本余分に存在し、3本持ってしまうことで発症する先天性の疾患です（他の染色体の足の異常もあります）。

人の条件は染色体で決まっています。その染色体に異常が起きたら、人の条件から外れることになってしまいます。染色体異常を起こす人工放射線は、それほど恐ろしいのです。

私の田舎（広島県と岡山県の県境付近）では、広島原爆の後にたくさんの障害者が生まれました。体は蛇なのですが、顔だけ人間という人が生まれたことがありました。近所が奇形児だらけでした。当時はそれが、広島原爆のせいだとは思っていなかったのです。

私はまだ小さいころでしたが、「また生まれたよ、あそこに」、「何」、「また蛇少女よ」などという会話が聞かれました。足がない、手がない。みんな、岡山大学のホルマリン漬けになっている。それが放射能、人工放射線の及ぼす影響だったのです。

自然放射線できちんと管理されているものをいじったら、たいへんなことになってしまうのです。あまりにも危険です。

しかし、助かる道はあります。早い時期に遺伝子異常、染色体異常を戻しておけばいいのです。異常のまま子どもが生まれてしまったら、もう戻せません。その子どもにも、異常が遺伝する可能性がとても大きいのです。なぜなら、遺伝子だからです。

ベトナムでも、枯葉剤の放射能による遺伝子異常を起こし、片手、片足が短くなってしまった子どもがおおぜいいましたね。枯葉剤の被害者の報道番組を見る機会がありました。

ある方が、体に異常をもった、遺伝子異常でした。脳には問題がなかったので、コンピューターの先生をされていました。

彼は成人して、子どもにこの異常を引き継ぎたくないと、健常な女性と結婚しました。そして子どもが生まれたのですが、唖然としたのです。

その子どもが、自分とまったく同じ形の体をしていたからです。遺伝子の恐ろしさが分かる話です。遺伝子は絶対的に決定されており、遺伝子がその人を守るわけですから、それを変化させてはいけないという原則があるのです。子どもはそれを受け継ぎ、守るのが正常なのです。手足がなくても、引き継ぐことが正常なのです。

しかし、子どもを産む前に自然放射線でその異常因子をすべて補正しておけば、まだ異常をなくすことができます。生まれてしまったら、異常は直せなくなるのです。その子供にとってはそれが正常だからです。

被曝した人は、その対策をする必要性をぜひとも知っておいていただきたいと思います。子どもの代になったらもう取り返しはつきません。遺伝子は、異常を起こしたご本人が必ず直すことが重要です。それはまだ正常の情報を持ったＤＮＡを持っているからです。それには、自然放射線を強烈に発するラジウム石しかないと言いたい。

植物は、先述したように、人工放射性物質のセシウムというカリウムと似たものを吸収しますが、それがビタミンに結合されたら、それは殺人ビタミンとなってしまいます。たいへん、危険なのです。

その点、石にはそういうことがありません。常に基本を保ってくれています。だから、私はラジウム石が一番いいですよと言っているのです。

さて、ここでラジウム石がなぜ、私たちの健康を管理しているのかという謎に迫りたいと思います。

これには、地球の長い歴史を振り返らなければなりません。先述しましたように、放射線の生命情報をもともともたらしたのは、実は隕石なのです。

地球で核反応が起こるほどの大規模な隕石でした。過去に何度も大隕石落下により、地球の環境は大きく変化しています。

そして、私はこの疑問から、ついにその放射線のもとをつくった隕石そのものを探し出すことに成功しました。

次の写真をご覧下さい。

これは、山梨県の北杜市にある尾白の森、そこの尾白川で発見した、花崗岩の一部です。上の写真の黒い部分が、長さ10㎝ぐらいです。実は尾白川の花崗岩は、たいへん、放射能数値が高いのです。0、4μSvぐらいあります。

だから、そこの砂を持ち帰って、枕に詰めたりするとすごくいいのです。もう、脳梗塞の人でも植物人間でも生き返るかというような、すばらしい枕ができます。脳細胞に再生力を強烈に与えるのですね。

しかも、自然状態の、正常細胞がするのと同様の細胞分裂を起こします。

たいへんいい花崗岩なのですが、なぜここの花崗岩だけが数値が高いのかと思いつつ眺めたときに、黒い物質を発見したのです。

隕石の入った花崗岩

隕石の入った花崗岩ー2

右の写真です。

他にも、こんな石がたくさんあるのです。花崗岩とはマグマがゆっくりと冷え固まって、石英、雲母、長石、この3種類の鉱物の結晶でできた石です。

けれども、この黒い部分は冷え固まってできた結晶物とは違うように見えます。マグマの中に混ざっていた何かに違いありません。

つまり、ここで大事なことは、マグマの６０００℃という温度で溶けていないということです。そこから想定されるのは、これが地球外の石であるということなのです。マグマで溶けていないという、これこそ、隕石のかけらです。

大宇宙から隕石が落下して、核爆発を起こし、６０００℃という温度の溶岩で、石がどろどろに溶けました。それで固まってできた花崗岩に、宇宙飛来の隕石が溶けずに残っているのです。

不思議な結晶模様の隕石と思われる石。凄く重い

こんな石を川原で拾いました。早い話が、これを持てばわかります。ものすごく重いのです。隕石というのは重く、ほとんどが未知の鉱物です。結晶を見ると、蛇のようにぐねぐねしているのがわかります。

いわゆる重力が存在する中で結晶したものではないような、特殊な結晶ですから、臭いな、隕石だなと思ったら、案の定そうでした。測定すると、放射線値はほとんど測定できません。

隕石は、構成物質が地球上の物質ではないものがほとんどです。したがって、それの核反応となると、もうとても私たちの知っているようなαだのβだのγだのなどにとどまりません。３００種類以上の放射線が出ています。それは、今の測定器でいくら頑張っても測定できないのです。

特に尾白川のこの隕石は、かなり広範囲に飛び散っています。川原にも、隕石のこの塊がごろごろしています。こういう隕石がこの花崗岩の中に入っているという状況からして、地球の創生期に落ちてきた最初の巨大隕石ではなかろうかと思うわけです。

そして、この隕石が与えたものが生命なのです。最初の原始生命を、この隕石の放射線が発生させたのです。アメーバのような原始生命体、ただ分裂するだけの単細胞です。

そこから今の生命体にどのように進化したのでしょうか。

放射線によって核分裂が起きたのですから、この花崗岩はその放射線を保有して、その生命信号を維持しているのです。

これでやっとわかりました。生命を管理する放射線はどこから来たのか。それははるか彼方の宇宙、かつて生命が発生し、そして滅びた星からやってきたのです。この隕石が放射線の情報を載せてやってきました。

マグマの中に入っているのですから、相当昔です。地球創生期に近い時期に、地球に最初の生命が発生しました。しかし、今の生命体とは違うものです。今の生命は、ＤＮＡというものによって、もっと複雑化した細胞構造を持っています。

そしてついに、これから人間ができたという隕石を発見しました。

次の写真です。この隕石は不思議で、ある方からたまたまいただいたものです。

これを東北大学で成分分析をしてもらいましたら、20％までしか成分はわかりませんでした。8割は、未知の成分であるという結論になったのです。地球外から来た未知の成分ということですね。

角閃石の一種。不明成分が多く隕石ではないかと言われている。九州の祖母山の石は有名。山全体が角閃石でできている。

この隕石と言われている角閃石《かくせんせき》も、日本のある場所に山のように巨大なものが落ちているのです。一般には角関石と呼ばれています。炸裂して、やはり地球を大きく変えたのではないでしょうか。

放射線は、ガイガーカウンターで測るともうでたらめな動きをします。ぱっと出たり、出なくなったり、話しかければ出たり、逆に無視をして横を向いていると出ていたり、おかしいのです。

今までのラジウム石とはちょっと特質が違う。相当複雑なものが出ていると思いました。

しかも、それは干渉波動なのです。8割が未知の成分ということは、8割以上の放射線は未知のものであり、今の測定器などで測れるものではないのです。持ってみて体感するしかないのですね。実際に手で持ちますと、びりびりした感覚があります。何か普通ではない感じです。

この石こそ、人間をつくり上げた、DNA情報を持ってきた隕石ではないでしょうか。

その放射線には、当然、いろいろな生命信号が載せられています。とてつもない量と複雑な情報をもたらした隕石ですが、これこそ人間のDNAを運んできたものなのです。

ただ、隕石の放射線が体にいいといっても、たまに落ちてくる得体の知れないものにすがらないでください。いいものばかりとは限りませんので。

私が言うのは、この地球に壊滅的打撃を与えるような、核爆発を起こした巨大隕石のことです。それによって私たち生命体は、今、存在しているのです。

さて、生命体の基本情報をくれた隕石がなぜ地球に来たか。

実は、この隕石はある滅びた地球、今私たちが住んでいる地球とは別の地球のかけらなのです。

ある日、突然、その星は爆発して消滅し、生命体はいなくなりました。

しかし、隕石に刻まれたDNA情報は何十億年と宇宙を漂い、そして私たちの地球に落下しました。それから、放射線を発して今の私たちをつくり上げたのです。人類のルーツは宇宙です。

人類は宇宙船に乗ってこの地球にやってきたのではありません。隕石に乗って生命情報というかたちで地球に伝えられたのです。

そしてこのラジウム石のDNA情報は、いずれこの地球が滅びて生命がいなくなったときに、また爆発によって破片が宇宙をさまよい、再び新しい地球になるべき星に落下し、核爆発を起こして、またそこに命が再生されるということが、やっとわかってきたのです。常に生命を媒体するのは隕石なのです。

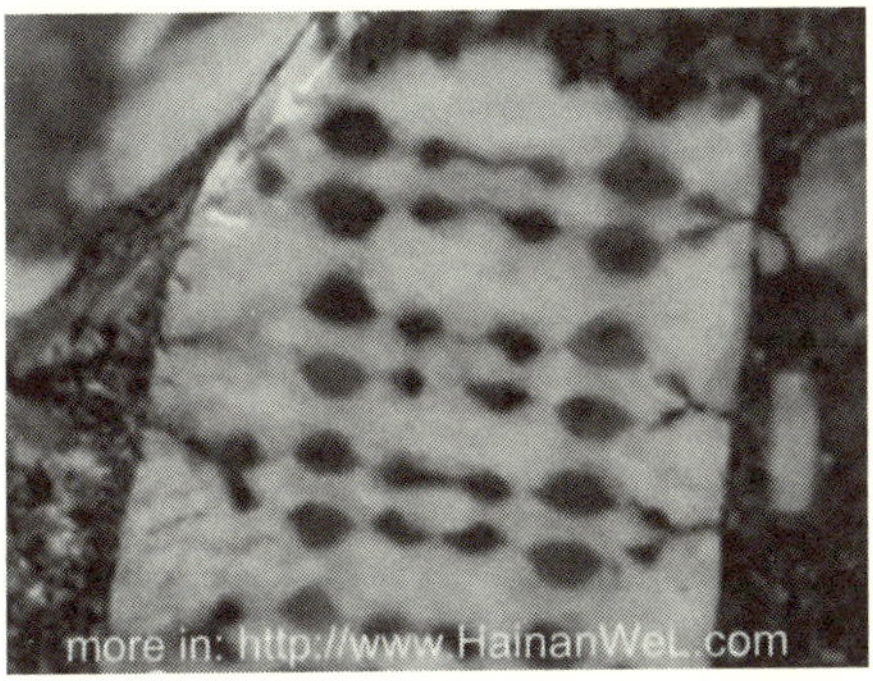

ロシアで発見された角閃石の中にマイクロチップを思わせるような結晶が。（ロシアの声より）

さて、遂に証拠品も発見され出てきました。

2014年5月。たいへんな発見があったのです。

ロシア、クバン地方のラビンスク川の川岸から発見された角閃石のような岩石の中に、明らかに人工的な「マイクロチップ」（2センチくらい）のようなものが入っていたのです。

鑑定によると、4億5千年前のものだそうです。

おそらく、この石の持つ放射線の情報を変調するためのチップです。すなわち生命情報を変調するためのもので、その生命情報が私たち人類を創造したものと考えられます。

よくこの石を見ると、私が紹介した隕石らしき岩石と、結晶の入り方が同じです。したがって私の「人類は隕石に乗ってやってきた」という仮説にも、信憑性が出てきましたね。

石の持つ放射線は、無限に近い情報を変調と言う形で乗せることができ、それによって複雑な「生命」というものが支えられているのです。放射線こそ生命そのものであり、私たちにとって神の存在なのです。放射線なくして生命は存在しません。

世界中に、これと似たような隕石がいっぱい落ちています。

有名なのが、オーストリアのモルダバイト。あの緑色のきれいな石です。あれももとは巨大隕石です。だから、モルダバイトは首から下げている人も見かけますが、いつも身につけておくと必ず願い事が叶うなどと言われています。これにも、根拠があるのです。隕石はそういう石なのですね。

こんなにラジウム石に愛着を持つ私ですから、名前をつけてることもあります。

例えば、ラジウム石とでもちょっと変わった孔雀《くじゃく》石みたいな石があり、「孔雀」という名前をつけました。

ある日、九州の女性がそのラジウム石を欲しいとおっしゃるので送りました。喜んでお電話をくださったのですが、「着いたらすぐ石がお話しました」と言うのです。「私の名前は孔雀といいます」と言ったと言うのです。私は絶対に、その名前を彼女に教えていません。これ、本当なのです。こういうことはよくあります。不思議なことですが、実は石はおしゃべりするのです。

ラジウム石でいろいろ試していますが、ニニギ石を枕に入れてみました。すると、えらく夢見が悪く、人を殺す夢とか悪夢ばかり見ます。人の死ぬ夢ばかりで、死ぬ夢というのは逆に縁起がいいなどと聞きますが、寝覚めは悪かったです。しかし、寝付きはよかったので、我慢して続けますと、3日目から熟睡できるようになったのです。

私の理解では、実はラジウム石は人の心を読み、診察ができるのです。だから、頭に近づけると脳波のおかしい部分を診察して、それを補正する放射線を意識的に出してきます。石が持つ意志ですね。

ラジウム石は、放射線という自分の能動素子、自分を表すものを持っていますね。それをコントロールすることができます。

だから、がんの人はこの姫川薬石を用いればがんを治す放射線に変換して、がんがん、攻めてくれます。診察期間は情報がとられますので、変な夢を見るのです。診察して、治療してくれます。

板敷渓谷で拾ったウラン鉱石を入れたお風呂の話を前述しましたが、他にも、尾白川で隕石を拾った方は皆さん、隕石風呂に入っておられます。お風呂には、ものすごい変化があったそうです。

水が黄色くどろどろになったという話も聞きました。おそらく放射線による核融合で何かの物質ができたのでしょう。また、純水、微粒子化してとてつもない温泉になるそうです。それほど隕石というのはおもしろいです。

ただ、先述しましたように、最近落ちてきたような得体の知れない隕石には、逆に注意してください。古代の地球に落ちた巨大隕石のみ、我々にとって安全かと思います。

このように、細胞分裂こそしないけれども、ラジウム石は生命体です。隕石は無限の生命情報を持っています。未知の放射線を出しており、持つと、手がすごくびりびりする感覚があります。人に害があるかというと、まったくの無害です。ラジウム石がある場所は非常に広大なのですから、害があるのならこれまでも人は生きてこられなかったでしょう。隕石（ラジウム石）には、いいことしかありません。これから、隕石（ラジウム石）ブームがくるかもしれませんね。

おわりに

自然放射線の働きを、一気に書いてきました。自然界に満ち溢れる放射線が、生命のすべてを動かしていることがおわかりになったでしょうか。

繰り返しますが、ラジウム石から出る自然放射線は、日常生活で接する食器や食物や土や砂が出しているものとまったく同じなのです。ラジウム石が特殊なものではないのです。ただ、特に生命体の情報をもち、強い放射線を発しているのがラジウム石です。

ラジウム石は日常生活でも必需品であり、どう使おうとも悪い影響はありません。思うがままに工夫を凝らし、自由に使ってみてください。

放射線に対する無知から、汚染された空気を吸い、汚染された水を飲んでいる人たちは多いです。今は問題ないかもしれませんが、人工放射線は性質からいっても、時間が経ったからといって消えるものではありません。次々と遺伝子を破壊し、異常細胞をつくっていくのです。いずれそれにより具合が悪くなってきます。病院に行っても、治ることはありません。

1000万人という東京に住む人たちも、今、被曝の危険に晒されています。

私が声を大きくして言っても、ただ嘲け笑っている方も多いようです。しかし、将来に被曝によって生命の危機を迎える方が増えた時、この本を思い出してください。もう、この方法しかないのです。

自然放射線の恩恵に感謝しつつ、ラジウム石を日常に取り入れていただけるよう、そして皆様が健やかで暮らされますよう、そう願いながら、筆をおきます。

富士山ニニギ

2014年11月20日

付録

高天原の歴史
神話は真実を物語る

前書き

今から六千年前の富士山には、高天原《たかあまはら》という神々と呼ばれる人たちの組織がありました。高天原とは王朝ではなく、人類の生命と健康を司る知識を伝授していくための組織でした。それを伝えるのが神皇であり、天皇なのです。従って、天皇は権力者ではありません。国民の健康を保つための良き指導者なのです。それゆえ、神の仕事と言われるのです。高天原が健康維持のために指導していたのが、前述のラジウム石の使い方なのです。

しかし今、人類は高天原を忘れてしまいました。それにより病がはやり、寿命も短くなってしまいました。日本の歴史は、その人類の健康を取り戻すための高天原復興の戦いでした。決して権力争いではないのです。人類が代々継承してきたラジウム石の健康法をもう一度掘り起こすためにも、高天原の歴史をもう一度振り返って下さい。

宮下文書は日本の正史

古代史の文献として「宮下文書」というものがあるが、これは富士吉田市にある小室浅間神社宮司宮下家に代々伝わる古文書で、もとは神奈川県の寒川神社に保存されていた「富士文献」を宮下氏が書写したものであった。その後、原書は火災で焼失してしまった。これには9千年に渡る人類の歴史が書いてある。誰が書いたのか不明のため、2300年前に中国から来た除福が書いたとか言われているが、実はこの文書、南北朝時代のことまで書いてある。またこの記述をもとに調査した結果、その記述の場所に、その正しさを示す証拠が未だに残っている。ということは、この文書は真実の記録かもしれず、これこそ「日本の正史」かもしれない。世間に知られた「古事記」や「日本書紀」等の古文献は抽象的な表現が多く、夢物語のようで現実としては捉えられていない。しかし、宮下文書は違う。具体的に書かれており、登場する神々の系譜から地図まで示されている。

その内容は膨大なものだが、ここに簡単に人類9000年の歴史を整理してみた。これには、故・加茂喜三氏の（富士市在住）の研究に基く著書「日本の神朝時代」「木花咲耶媛《このはなさくやひめ》の復活」「隠れ南朝史」（共に富士地方史料調査会発行）を参考にした。

人類の歴史は9000年前、ペルシャの北方から始まった

最初の神（記述では神とは神と呼ばれた人々となっており、人間とは区別されている）はペルシャの北方より始まり、その名を「天之峰火雄神《あまのみねひをの》」と呼ばれた。此の地はノアの箱舟の伝説の船が発見された、トルコとイラン国境にあるアララット山の場所と一致する。すなわちこの神はノアではないか。こう考えると聖書の話と通じて来る。

神々は此の地においてまず「五色の人」を創造した（竹内文書による）。これには822年を要した。この時代を第一神朝時代と呼ぶ。さらに1850年間、神々は此の地に留まり、人類が生きて行くための環境整備をした。この時代を第二神朝時代と呼ぶ。神々は2672年間ペルシャの北方に留まった。

世界の中心は日本の富士山麓に置かれた

今から6400年ほど前、神々は世界各地に分かれた。まず「高皇産霊神《たかみむすびのかみ》」の7人の皇子が世界に分かれた。その皇子の内、五男の「国常立尊《くにとこたちのみこと》」が父の命令で「日出る国」の蓬莱山（富士山）の調査に向かった。ところが彼はいつまで待っても帰って来ないので、心配になった「高皇産霊神」は七男の「国狭槌尊《くにさつちのみこと》」と共に蓬莱山目指して出発した。一行は愛鷹《あしたか》山麓に到着し、「国常立尊」が道に迷って淡路島にいることを知り、めぐりあいに成功した。愛鷹山麓に三十年ほど留まった後、一行は富士山麓に上がり、高天原を建国した。これが日本の国の始まりであり、「神の国」の由来だ。この日本の国造りは第三神朝時代と呼び、合計7代の神皇で507年間続いた。

高天原の始まり（第四神朝時代　5代488年間）

第三神朝最後のイザナギ尊が死去すると、その後継ぎ問題が発生した。イザナギ尊の子供としては、長女の天照大神尊と弟の月夜見命、さらに従弟の栄日子《えびすの》命（本来は長男だったが、足が無いという障害があったので早くから高天原を出て伊豆の淡島に竜宮を築き海の神となった。その後、竜宮は現在の西湖付近に移された。竜宮城の乙姫は彼のひ孫の豊玉毘女《とよたまびめの》命で、竜宮城の話は、豊玉毘女命とニニギ尊の子の火々出見《ほほでみの》尊との間の実話だ。

本来なら、長男の月夜見命が皇位につくべきなのだが、姉の天照大神尊がたいへん聡明なため弟の月夜見命は姉にその座を譲ったが、天照大神尊はなかなか引き受けなかった。そのため、月夜見命は「私がいるから姉が引き受けないのだ」と思い、高天原を出て、富士山南麓にあった白玉池畔の家司真ノ宮に隠れてしまった。

この白玉池について、現在の富士浅間神社本宮にある湧く玉池といわれているが、これは木花咲耶媛尊の富士山での自殺による噴火でできたもの、その祖父の月夜見命の時には湧く玉池は無かった。白玉池は別の場所であろう。富士市比奈の竹取塚の近くに湧き水の池があったので、その可能性が高い。木花咲耶媛尊生誕の地が竹取塚なのでこの方がつじつまが合う。

このことにより、天照大神尊は皇位の座につき、今までの「高天原ノ世」を「豊阿始原ノ世」と改めその一代神皇を称した。此の時代は、第四神朝時代で5代４８８年間続いた。

事代主の古墳の天母山。加茂山とも言われ加茂沢媛が生まれた場所

なお、月夜見命は国狭槌尊の長男、泥土煮尊《ういじにの》、第一王女桜田毘女命と結婚して8人の王子が生まれた。彼等が八王子で、現在も富士南麓に八王子の地名が残っている。八王子は名前に全て山が付き、その長男が大山祇命《おおやまつみの》でその子供が木花咲耶媛尊になる。

月夜見命は、天照大神尊が昼の世界を担っていたので、その裏に当たる夜の世界を担当した。大山祇命は事代主命《ことしろぬしの》の娘加茂沢媛と結婚し、後に皇居近くの加茂山に隠居する。加茂山とは、現在の富士宮市にある天母山《あんも》と思われる。ここからはたくさんの遺跡の石が見つかっている。また、月夜見命の8人の王子は山の神として、日本全国に分かれていった。これが八王子の地名が全国にある由来だ。

高天原の一大事

天照大神尊の基に繁栄を続ける高天原に、一大事が起こった。朝鮮半島から高皇産霊神のひ孫にあたる多伽王という神が高天原に攻め込んで来た。大陸側の記録によると、「朝鮮王の息子多伽王は、独身の天照大神尊が世界を支配しているのを知り、彼女を妻にして自分が世界の支配者になろうと企てた」となっている。多伽王は皇居内でさんざん悪さをしたため、これを怒った天照大神尊は天の岩戸に隠れてしまった。そのため、この世は闇となり、諸国の神々はたいへん困ってしまった。

そこで、天照大神尊の従兄弟にあたる天ウズ女命が裸になり、青木の葉を付けて火処（秘部）を打ちながら「ヒフミの歌」を歌って踊った。その様子があまりにも面白かったので神々は大喜び。その騒がしさに天照大神が何事かと岩戸を少し開いて覗いたところを、力持ちの手力男命《たぢからおの》が岩戸を開いて大神を外に出し、皇居に戻ってもらい、世間は明かりを取り戻した。

これが天の岩戸開きの史実と思える。この時の様子を描いた絵が信州戸隠神社の中社にあるので見てみるといい。

一方、多伽王は高天原でさんざん悪さをした挙げ句、手力男命に追いつめられ、岩陰に身を隠そうとしたところ、大きな岩の隙間に挟まれてしまった。手力男命が言うには、その岩は善人が通ると問題ないが、悪人が通ると挟まれて押しつぶされてしまうとのこと（この割岩はキャンプ場内の天の岩戸の横にあって、その構造がわかる。面白いのでぜひ見てほしい。今も多伽王が挟まれた時のままの状態になっている。つまり、一回しか使用できないようだ）。

祖佐男命がはさまれた割岩

そこで多伽王は、「私には悪意は無い、高天原の繁栄を羨ましく思い、つい悪さをしてしまった。今は反省しているので、天照大神尊にお願いして助けてほしい」と言って助けを求めた。そこで、手力男命は岩から引き出して多伽王を助け、天照大神尊のもとへ連れて行った。

天照大神尊は多伽王が同じ神の祖先を持っていることを知り、多伽王の罪を許し、自らの義弟として、祖佐男命《すさのおの》と名付けた。

祖佐男命はその後全国を平定し、三種の神器を手力男命夫妻と協力して鋳造して、天照大神尊に献上し、自ら山陰の出雲（現在の長野県、北アルプスの山陰で雲が湧く地故にこの名がついた）に居を構えて、悪いことをした神の教育を担当した。

その地を戸隠と呼び、これは罪科懲治《トガコラシ》が訛ったものと言われているが、現地に行ってみると天の岩戸が飛来した地であると記されている。しかし、字の如く、天の岩戸に隠れたことで戸隠と呼ぶのではないだろうか。

戸隠には天の岩戸の秘密が全て隠されているようだ。その内容は、人類の起源に関わる重要な事項のようだが、調べるにはかなりの時間が掛かりそうだ。しかしこれがわからないと「天の岩戸開き」の本当の意味が理解できない（注：これがラジウム石による生命コントロールだった。天の岩戸開きとは生命誕生を意味している）。

富士山に投身自殺した木花咲耶媛尊

天照大神の後の神皇は天之忍穂耳尊《あまのおしほみみの》、そしてその第一皇子ニニギ尊へと継がれていく。ニニギ尊は高天原で、木花咲耶媛尊と出会い、一目惚れで結婚した。この話は神話に最初の恋愛物語として登場する。ロマン溢れる内容だ。木花咲耶媛尊は月夜見命の長男大山祇命と事代主命の長女、加茂沢媛命との間に、姉の岩長毘女命と共に、白玉池畔の家司真ノ宮に生まれた。その場所は今でも「竹取物語」の「竹取塚」として残っている。

このニニギ尊の時代にたいへんなことが起った。九州に大陸から外敵が攻め込んで来たのだ。ニニギ尊は新婚生活もままならず、さっそく妻の木花咲耶媛尊と共に出陣した。沼津の港に下り、待ち構えていた海の神栄日子命の子孫が造った葦の高速船で、大船団をもって九州へと向かった。到着まで五十三日かかった。

まず陣を構えたのが住防（周防）で、ここで敵の大群を防いだ。しかし、敵は二手に分かれ、その一方が瀬戸内海に入り、四国へと向かって行った。そのため神后は夫と別れ、自ら将として猿田彦命を大将に命じ四国へと向かった。ニニギ尊はさらに対馬、壱岐を守るため手長男命《たながおの》夫妻を向かわせたが、壱岐の石田の原にて戦死し、石田南山の峰に祀られた。その子供達も皆戦死、実に3年3月に及ぶ戦いだった。

対馬の方は、事勇男命、事力男命を向かわせて戦うが、共に戦死。かくして事代主命の子孫は対馬と壱岐の両島において、病身の一神を残しただけでことごとく戦死してしまった。

一方、九州は武佐太毘古命が奮戦したが、敵の大軍にあって、松浦の地で戦死してしまい、同所の峰に祀られた。

戦況は日々悪化を告げていた。

そこで、ニニギ尊は全国の神々に援軍を募った。その結果、全国から続々と援軍が加わり、戦況は一転、九州は平定された。四国の方も36日遅れてやっと平和が戻った。今から５５００年ほど前の出来事だ。かくして、日本の国土は多大な神々の犠牲のもとに守られたことを忘れてはいけない。それと同時に、日本は5000年以上前の縄文時代から、世界に名だたる主権国家だったことがわかる。

話を少し戻して、四国に渡った木花咲耶媛尊だが、高天原で娘の苦戦の報を聞いた父の大山祇命が妻の加茂沢媛命と共に応援に行くことになった。ところが、途中の三島で加茂沢媛命が急死してしまった。大山祇命は妻をその地に祀り（三島大社になる）、急いで四国へと向かった。

戦場で父の応援を受け木花咲耶媛尊はたいへん喜び、父が愛する媛と会えたその地を愛媛と呼ぶことになった。ところが、幸せもつかの間、旅の疲れもあってか、大山祇命はその地で亡くなってしまった。最後の言葉「私も妻のところに伊久世」から、その地を伊予と呼ぶようになったという。大山祇命はこの地に祭られ、三島大社となった。そのため三島大社は静岡と愛媛にあり、今もめているようだ。

妻の戦いを見るためニニギ尊が四国を訪れた時、木花咲耶媛尊のお腹はまさに臨月を迎えようとしていた。それを見たニニギ尊は「それはいったい誰の子供か」と尋ねたところ、木花咲耶媛尊はその貞操を疑われたことを苦に、すぐに高天原に帰ってしまった。

帰るや否や木花咲耶媛尊は山の産屋で3人の皇子を出産し、すぐに富士山火口に投身自殺してしまった。ここで富士山大噴火が始まった。流出した溶岩は愛鷹《あしたか》山で二手に分かれ、一方は父のいた富士宮浅間神社の湧玉池で止まり、もう一方は三島の楽寿園（母の加茂沢媛が祀られている）の近くで止まった。その溶岩の下からは水がこんこんと湧き出し、人々は媛は死んで両親に会いに来た、湧水はその涙だと思っている。現在もその水は湧いている。

九州で大役を果たして凱旋したニニギ尊はこのことを知り、たいへん悲しみ病気がちとなってしまった。これを知った猿田彦命と天ウズ女命がニニギ尊を慰めるために皇居で猿の舞いをした。尊はたいへん喜び、一時は元気を取り戻した。この舞いが猿楽として後世に伝えられていった。

しかし、ニニギ尊は間もなく亡くなった。42歳の若さだった（この頃は350歳が平均寿命だった）。かくしてニニギ尊夫妻は、若くしてこの世を去ってしまった。

木花咲耶媛尊の産んだ3人の皇子は、火照命《ほでりのみこと》、火須勢理命《ほすせりのみこと》、火々出見尊《ほほでみのみこと》で、後に各々海彦、農彦、山彦と呼ばれた。彼等が高天原を引き継ぐことになる。

高天原の分裂

ニニギ尊が亡くなった後、高天原は後継者問題でもめた。長男、火照命（海彦）と三男、火々出見尊（山彦）の間でもめ、次男の火須勢理命（農彦）は中立の立場でいた。この海彦と山彦のもめ事で兄海彦の大事な釣り針をなくした弟の山彦が、栄日子命《えびすのみこと》の子孫のいる竜宮に相談に行った話が、浦島太郎の伝説として残っている。

もともと3人は三つ子のため、長男と三男の違いはたいしてなかった。長い争いの末、火々出見尊が四代目「豊阿始原ノ世《とよあしはらのよ》」神皇となった。

ところが、この時代になってまたもや九州に外敵が攻めて来た。そこで神皇は長男の武言合尊を五代「豊阿始原ノ世」神皇とし、九州の平定に向かわせた。とりあえず収まったところで、火々出見尊は「高天原が東の富士に有るので、西の治安維持ができない」と考え、武言合尊を九州に行かせ「鵜茅ヤ不ニ合須ノ世《うがやふじあわすのよ》」を創建させて、その第一代神皇として鵜茅葺不合尊《うがやふきあえずのみこと》と命名した。九州の神皇は代々この名を名乗り引き継ぐこととなった。これによって、日本は東西分治の時代に入った。

この鵜茅葺不合尊とは、豊玉媛が火々出見尊との間で火々出見尊の皇位継承の儀式中に出産となり、鵜の羽を敷いた産床も、茅の屋根の産屋を葺く間もなく生まれてしまった子供であったためについた名前である。

一方高天原は、後継者争いで中立を保った火須勢理命が継ぐことになった。時代も新たに「高天原ノ世（後期）」と決めた。これで日本は二分され、九州は「鵜茅ヤ不ニ合須ノ世」が、九州以外は「高天原ノ世」が治めることになった。そして九州の都を神都、富士を天都と呼んだ。天都とは高天原の都の意味だ。この時以来、高天原を天と呼ぶようになった。天とは富士のことだ。

しかし、九州の神皇の「斎祀ノ権」は全て富士が握っており、新たに神皇が立つ時は、自ら富士まで来て、三種の神器の前で儀式を行わなければならなかった。これはたいへんなことで、このため途中の航海で暴風に合い、亡くなった神皇さえいた。この東西分治の時代は神武天皇の東征を迎えるまで２７４０余年も続いた。

この間に、九州は大陸との貿易などで栄え、一方富士はだんだんと衰退していった。このことが東西の対立をいっそう深めていくこととなった。また、九州はこの間大陸から何度か侵略を受けたと書かれている。

今から２７００年ほど前、この日本にまた一大事が起こった。大陸から五度目の侵略があり、白木（後の新羅）と周国が一緒になって攻めて来た。これに国内の反乱も加わり、日本中が争いの渦に巻き込まれた。「鵜茅ヤ不ニ合須ノ世」最後の神皇ヤ眞都男王尊は、軍船２６０隻を配し、皇族を集め出動を命じた。

しかし、この戦いはたいへんなものとなった。まずは皇太子の五瀬王命が戦死、その後は第四皇子の日高佐野王命（後の神武天皇）に継がれた。さらに神皇も紀伊半島で陣中にて崩御。紀伊半島はもともと中国の支配下にあった。奈良・京都は中国の都であった。神后照玉毘女尊がその後14年間神皇に代わって大政を治めた。此の時代を「闇黒ノ世」と言った。

この闇黒ノ世は13年10月続き、皇太子はやっと終結させた。戦いの犠牲者は、皇軍が皇族７人、将校38人、兵卒２５０００余人、賊軍が将校68人、兵卒６８０００余人、また白木軍１５０００余人、周国の援兵５００００人を算したと言われている。

人皇天皇の時代になる

内乱を平定した皇太子は、神武天皇となり即位した。この時から天皇は神と呼ばれた神皇を人皇の天皇と改め、神皇から人皇の時代になった。そして全国を一括して治めることとし、都を山梨の橿原《かしはら》に置いた。今から２６６０年ほど前だ（歴史家によると橿原は奈良にあったと思われているが、奈良はヤ眞都男王尊の亡くなられた場所で、そこにある古墳はヤ眞都男王尊の古墳である。

神武天皇は山梨の今の北社市の眞原《さねはら》に都を築いた）。

この、神武天皇が天皇を神皇から人皇としたことが、天皇を生命の管理者から権力者に変えてしまった原因である。それにより、人類の不幸が始まったといえるだろう。しかしこの時は、こうするしかなかったのであろう。

神武天皇は紀元4年4月、富士高天原に行幸して、そこに眠る大御神を祀られた。まず、宇津峰山西尾崎山の金山（キャンプ場の岩戸）に鎮まる天孫二柱の御陵の岩戸を啓《ひら》かせ、その神霊の宿る霊石を小室の宮守ノ宮（現在の富士宮市の山宮浅間神社で、この霊石は現在もある）に祀られた。この二柱の神がニニギ尊と木花咲耶媛尊だ。

また中室の麻呂山に鎮まる天照大神尊、加茂山（天母山）に鎮まる大山津見命と別雷命（加茂沢媛命）、泉仙山古峰に鎮まる猿田彦命、熱都山の笠砂

山宮にあるニニギ尊霊石

山宮にある木花咲椰媛霊石

の尾崎峰に鎮まるイザナギ尊とイザナミ尊、櫻山宇津峰に鎮まる高皇産霊神と神皇産霊神、小室鳴沢の上の菅原に鎮まる國狭槌尊と國狭比女尊の各々の神前において祭祀の礼を行った。この神々が富士高天原の7社大神と言われる。

神武天皇は富士高天原行幸を終えると、橿原ノ宮近くの富士山が見える鳥見山（今の甲斐駒ケ岳）に7大神を祀った高天原礼拝所を造り、建国の神々の斎場とした。

この上天皇は即位の儀式を富士高天原で行う今までの慣例を改め、山梨の橿原まで「三種の神器」を富士から持参させて、即位式を行った。これで富士高天原の権威はほとんどなくなってしまった。そもそもこの三種の神器を天窓に拝して行う即位式は、天照大神尊の定めた重要な神皇としての儀式であって、そう簡単に変えられるものではない。さらに、その後の天皇は次々と高天原の権威を抹消していった。概略次のように。

（1）十代崇神天皇の時、阿祖山太神宮（富士）の天照大神尊の神霊を大和に奉遷する。さらに阿祖山太神宮にあった三種の神器を大和に移した。

（2）十一代垂仁天皇は阿祖山太神宮の分裂を策し、富士宮市の山宮に「山宮七廟」を創建する（今の山宮浅間神社）。さらに、天照大神尊の神霊を大和から伊勢国度会ノ宮に移す。

大和朝廷のこうした高天原の権威潰しが続いた。このことが高天原の神裔《しんえい》を激怒させた。この時は天下は不作、疫病で乱れた。高天原を粗末に扱ったから神祖皇宗が怒ったためと言われた。十二代景行天皇は武力主義で国家統一を企てたので、国民は離反し、全国各地で大和朝廷に対する反旗が翻った。富士山も大噴火となり国中は不作、疫病で苦しんだ。

日本は不思議な国で、高天原にもめ事があると富士山が噴火し、外国から敵が攻めて来ると必ず神風が起こり外敵から日本を守る（過去五度に渡り外敵の侵略を受けたが、毎回富士より黒雲わき起こり暴風で敵が殲滅した記録がある）。とても偶然とは思えない。

垂仁天皇が高天原にあった「斎祀ノ権」を握ったことで、富士から高天原の呼称が消えた。これで、国常立尊が栄光負った神々を率い、今から６４００年ほど前に日本列島に渡って来て、富士山麓に「高天原」を建立してから、「高天原ノ世（前期）」７代５０７年、「豊阿始原ノ世」５代４８８年、「高天原ノ世（後期）」57代２７４１年、人皇10代５６８年、合計４３０４年にわたって続いた「高天原」は、遂に消滅を告げた。

（後編）

忘れられていく富士高天原

高天原の名が消滅したとはいえ、日本建国の地富士高天原は、その神裔達の手により根強く後世に受け継がれていった。その後、何度か富士高天原再興の動きはあった。

景行天皇の時、東夷と言われた富士山以東、以北の高天原神裔は、阿祖山太神宮に会し、大和朝廷の衰えを見て、今こそ神都復活の好機なりとして挙兵を決した。これには孝霊天皇の時に中国秦の国から日本に帰国した除福の四世福仙が軍師として参加した。一方朝廷はこれに対し、景行天皇の皇子日本武尊を向かわせた。

天都高天原の玄関口に当たる田子の浦の防衛にあたったのは、阿祖彦王の第一王子阿始長男命だった。日本武尊は海上から田子の浦に入り、浮島ケ沼（浮島ケ沼は愛鷹南麓に広がる海中の島原で現在沼津から富士にかけて田圃になっている）から上陸してきた。

それを最初から想定していた阿始長男命は八方から沼の枯れ葦に火をつけた。猛火は日本武尊を包んで、日本武尊は焼死したかに見えたので、これであっさり日本武尊を討ち取ったと思い油断しているところに、葦の茎を空気筒にして水中に潜んでいた日本武尊が突然現れてきた。阿始長男命は逆襲され、遂に自刃してしまった。

第一戦に負けた阿祖彦王は本拠地、富士宮市山宮に陣を構え、富士王朝の命運をかけて戦いに臨んだ。しかし、結果は王子の阿始長男命と同じ運命だった。かくして富士王朝はまたもや日本武尊によって滅ぼされてしまった。

しかし、これによって富士王朝が無くなることはなかった。日本武尊と熱田より同行して来た妃の美夜受媛が産気づいて王女が産まれた。福地媛と名付けた。日本武尊は更に東征するため、この母子を阿祖山太神宮大宮司記太夫男命に託した。記太夫男命は王妃と王女の為に新宮を皇居のあった阿太都山の麓に造った。阿太都山の麓なので「坂下《さかおり》ノ宮」と称した（ここはちょうどキャンプ場のある場所で、実際にここの地名は大字内野字坂下と呼ばれる。地主の佐野家のある場所に800年を上回る老松や池があり、跡地と思える）。

坂下ノ宮に祀られた宮受媛の御神木の楓は、今もキャンプ場の入り口にある。これは本来表の国道脇にあったのだが、道路拡張のおり、切り倒そうとしたら楓が「私を向かいの森に移してほしい」と工事業者に言ったそうだ。業者は工事を中断して、私のキャンプ場の事務所〈神殿〉前に移動した。20年前の話である。すると、宮受媛の帰った「熱田神宮」の御神木はなんと楓だと言う。本物である。大きな葉をつける不思議な楓だ。

日本武尊は奥羽攻めの後、高天原に戻り、王妃と王女に再会した後、また信濃、尾張と戦いの旅を続け、遂に三重で亡くなって、都に凱旋することはなかった（実際はこの後日本武尊は朝鮮半島に渡り高句麗王となった）。

記太夫男命に養育された福地媛は記太夫男命の養子の佐太夫男命と結婚した。佐太夫男命は実は月夜見命72代阿祖彦王第二皇子で、記太夫男命の養子になって難を逃れていた。ここでまたも や朝廷の血統が富士王朝に入った。この二人の間には二人の王女が産まれた。姉を気久野媛（菊野媛）妹を女登利媛（女鳥媛）と呼んだ。

姉は富士に来麓した応神天皇の王子大山守皇子と結婚し、妹は大山守皇子の弟の隼総別皇子と結婚して、それぞれ富士に来てしまった。月夜見命と日本武尊の血統はこうして富士に残された。

永遠に続く富士高天原

富士王朝の血を受け継いだ大山守皇子は富士入麓を決意した。大山守皇子は応神天皇の第一皇子なのでたいへんな事態となった。大山守皇子の乱の始まりだ。富士川を境に両軍が向かい合った。富士王朝側には大山守皇子の他に二人の応神天皇の皇子も加わった。なんと朝廷の皇位継承権のある皇子は、後の仁徳天皇ともう一人を残し三人が富士に来てしまったのだ。

この戦いは勝敗が容易に決せず、そこで和議となった。内容は「1、大山守皇子を朝廷側に引き渡す事。2、朝廷軍は山宮から撤退し富士川の西に移る事」。これにより富士王朝側は大山守皇子の身代わりを立て、その首を持って差出し、一応の決着がついた。そして、大山守皇子は「宮下」と名前を変えて阿祖山太宮司となり、高天原の復活を願っていった。これは現在まで引き継がれ、この史実を記録したものが「宮下文書」だったのだ。故に、この記録こそ日本の真実の歴史と言われる理由だ。

大山守皇子の古墳。仁徳天皇の兄だ

しかし、その後の富士王朝も平穏にはいかなかった。桓武天皇の延暦19年（西暦８００年）富士山は未曽有の大爆発を起こした。これによって、富士山麓にあった高天原の阿祖山太神宮は一瞬にして消失、埋没あるいは流出して、６１０余社と言われた由緒ある神殿はことごとく消えて、神都は遂に壊滅してしまった。まさに日本のポンペイとなった。

この富士山大噴火は高天原の終焉を思わせた。しかし幸か不幸か、この時阿祖山太神宮の首脳者349人は、伊勢皇太神宮との和解のため伊勢から奈良に向かっている途中だった。しかし、難を逃れた一行は、朝廷の企みのためしばらく都に足留めさせられた。それは朝廷が坂上田村麻呂を富士に仕向けて、これを機会に富士王朝の壊滅を企てたためだった。

坂上田村麻呂は、富士にある神社を全て浅間神社に統一して、木花咲耶媛尊を本尊とした。さらに阿祖山太神宮は相模の寒川に引っ越しさせ、神裔をそこに追いやってしまった。(坂上田村麻呂も高天原の血を引いており、富士の殲滅を朝廷より命ぜられたが、内緒で神裔を別の場所に移した)。こうして富士には何もなくなってしまった。

これで富士にあった高天原は、歴史の記録から完全に消え去っていった。今から1200年前の話だ。

しかし、宮下文書にはまだ記録がある。西暦1333年、後醍醐天皇が富士高天原復興のため入麓してきた。南北朝時代の始まりだ。一般的には、後醍醐天皇は吉野にいたことになっているが、実際には高天原のあった富士と吉野を往復して、隠れ南朝として高天原の復活を目指した。その影響は現在にまで及んでいる。その記録と共に末裔達は現在も伝承を守り、それらは秘密とされている。その真っただ中に私が来てしまったわけだ。東京から脱サラしてこの富士に来て27年、変なことの連続だった。歴史が大嫌いの私がこのような文章を書かなければならないのも変な話だ。

話を元に戻して、後醍醐天皇の第4皇子宗良親王を富士にお連れしたのは佐野源左衛門尉義正という人物。この人こそ富士高天原の神裔だ。佐野氏はまず現在の山梨県南部町の佐野に仮宮殿を造り、一時親王（宗良親王）を匿《かくま》った。その後、富士の西麓に本殿を造り（現在の田貫湖付近）お招きした。引っ越しの時、北朝の今川勢に見つからない様、天子ケ岳を超えて入麓した。目印として高く狼煙《のろし》を焚いた。この風習は現在も引き継がれ、家が新築されると、「火伏念仏」として狼煙を焚く。

仮宮殿のあった佐野の館跡は、ダム建設によって天子湖の湖底に沈んでしまったので、今は見ることはできない。村の人の話では、館跡は保存されていたと言う。一方本殿の方は田貫湖畔に今も田貫神社が残っており、大きな松や杉の老木が当時を偲ばせる。田貫とは南朝の末裔田貫親王のことだ。これらの記録は当地の佐野家に今も保存されている。それには、天の岩戸のことまで書いてある。キャンプ場の天の岩戸は本物だ。

ここで重大なことが判明した。天皇即位の時に使われる三種の神器を南朝が持っていたということだ。神器は一度は北朝に渡したものの、北朝が南北交互に皇位につくという約束を守らないため、南朝は神器を持ち帰ってしまった。そして南朝の滅亡と共に行方不明となってしまった。これでさぞかし北朝は困ったかと思いきや、三種の神器にはいざという時のため、その予備が用意されており、それで何とかなったのだ。

南朝は四代の天皇の後、度重なる北朝の南朝潰しに合いながらも、隠れ南朝として富士に存在した。しかし、南朝最後の尹良親王は、御所を富士から三河に移すために、甲斐と信濃の北回りで移動中、信濃の浪合で土民の襲撃にあい、自害してしまった。これが南朝の最後となってしまった。

ところで、この時南朝を警護してたのが徳川家（松平家）である。三河で御所の準備をして親王を待っていた。しかし到着したのはその息子「良王」だった。松平は本来群馬県尾島町の世良田にいた徳川（南朝の世良田親王の子孫）が名前を松平に代えて、三河に潜入して準備をしていたのだ。これが家康の代になってそのことを知り、元の徳川に名前を代えたのだ。良王は、あまりの貧しさから親王にもかかわらず農民となったのだ。そしてその子孫（3代後）が豊臣秀吉なのである。豊臣秀吉のその血筋は、農民ではなく天皇の子孫であった。後醍醐天皇から数えて7代目になる。

南朝を守っていた近衛兵「佐野の千頭の騎馬部隊」は親王の死後、その意志を継いだ武田家に仕えた。だから武田信玄は強かったのだ。

こうして富士高天原復活の願いは、武田信玄そして徳川家康へと引き継がれていった。

ここ富士西麓に、人類のルーツ高天原は現在も続いており、その機能も失っていない。ものすごい「神の力」というものを感じる。それ故、富士山を世界遺産にとの声も高まってきた。しかし、高天原の歴史を調べずして、世界遺産には成りえない。しっかりした国家プロジェクトで対応する必要があると思う（＊筆者注：現在はそんなことを全くわからずに世界遺産にしてしまった。だから文化遺産の説明がでたらめで、できていない。ひどいものになると、神武天皇が山宮に置いたニニギ尊の御霊石を鉾立て石だなどという失礼な者がいる。鉾立て石とは天皇が九州より持参した鉾を、高天原の入口においておくためのものだ）。

以上でお分かりのことと思うが、「宮下文書」は日本の歴史の真実を綴った記録で、それは日本建国の神々と高天原の真の姿を今に伝えるものだ。私達の考えも及ばない６０００年前の縄文時代に、日本建国に努力された神々の歴史を思うと、現代の人類のしていることはいったい何なのだろうか。ここに一つの疑問が湧いてきた。人類創造の神々の高天原がなくなるということは、人類の滅亡を意味するのではないだろうか。私達はそれすら忘れ去ってしまった。

最後に、宮下文書の末尾の一語を紹介する。「ここに高天原復活のこと終わる」と。痛恨の一言ではないか。私達はこのまま高天原を忘れ去ってしまっていいのだろうか。

◎ 著者紹介 ◎

富士山ニニギ（ふじさんににぎ　本名：橘髙《きったか》　啓《けい》）

昭和46年慶応義塾大学工学部電気工学科を卒業。

日本ビクター株式会社に勤務。

昭和63年６月。サラリーマンに終止符を打ち「富士山に行って仙人になる」と言って退社。

その後富士山麓で「西富士オートキャンプ場」を開き、山での静かな環境の生活に入る。

ちょうどキャンプブームに乗って「脱サラキャンプ場」として有名になり、キャンプ場のコンサルタントとしても活躍。

建設省外郭団体「(財）公園緑地財団」のオートキャンプ研究会委員を務め、海外のキャンプ場視察、国内のキャンプ場建設などを手伝う。

平成16年６月13日。武田信玄埋蔵金発掘のテレビ番組製作でキャンプ場内の岩屋を開いた。これが結果的に天岩戸開きとなった。

その後、数々の不思議な体験をし、平成23年３月11日朝９時に富士山ニニギのペンネームでmixiのつぶやきに「仙台に大地震がきます。避難してください」と警告。それが的中したことで一躍有名になる。ブログには１日10万件を超すアクセスがある。

その後mixiを通じ、ラジウム石や日本の古代史の研究を紹介。人気ブロガーとなる。「ニニギの日記」は現在も続く。

自然放射線ｖｓ人工放射線《しぜんほうしゃせんバーサスじんこうほうしゃせん》

宇宙《うちゅう》の認識《にんしき》が変《か》わる
ラジウム・姫川薬石《ひめかわやくせき》と天岩戸開《あまのいわとびら》き
生命《せいめい》の起源《きげん》は巨大隕石《きょだいいんせき》の遺伝子情報《いでんしじょうほう》だった！

富士山《ふじさん》ニニギ

明窓出版

平成二六年十二月二五日初刷発行
令和二年三月二三日　第三刷発行

発行者 —— 麻生真澄
発行所 —— 明窓出版株式会社
〒一六四—〇〇一二
東京都中野区本町六—二七—一三
電話　（〇三）三三八〇—八三〇三
ＦＡＸ（〇三）三三八〇—六四二四
振替　〇〇一六〇—一—一九二七六六
印刷所 —— 中央精版印刷株式会社

落丁・乱丁はお取り替えいたします。
定価はカバーに表示してあります。

ISBN978-4-89634-350-2

ホームページ http://meisou.com

家庭でできるガンの治し方
自然放射線vs人工放射線
富士山ニニギ

ラジウム鉱石が持つ本当の意味と人類の発生と進化に迫り、物議を醸した前作『自然放射線vs人工放射線』から三年。
放射能汚染の食品などにより多くの方がガンで悩む状況を目のあたりにした著者が、更なる議論を喚起すべく緊急出版。

「人はなぜガンになるのか？」という人類にとって長い間の謎を独自の論で考察、姫川薬石や北投石などのラジウム石を使った治療など、病院に行かなくともできるガンの治療法と予防法を公開する。

加えて、増富ラジウム温泉や村杉温泉、北投温泉など、実際に取材した国内外のラジウム温泉探検記を収録。各温泉へのアクセス方法や利用する上での注意点等、ガンの湯治に役立つ情報を紹介。

これまでの医学の常識が覆る“家庭でできる"ガンの治し方の新提言。

◎生命の神秘
◎放射線と遺伝子
◎なぜガンになるのか
◎ガンを防ぐ
◎ガンの治療法　　他、重要情報多数

本体1340円

青年地球誕生～いま蘇る幣立神宮

第二集

春木伸哉

蘇陽の森より、幣立神宮の宮司が、今、伝えたいこと——。
ロングセラー「青年地球誕生」の続編を望むたくさんの読者様の声に応え発刊された、もっと幣立神宮を知ることができる一冊です。エネルギーあふれるたくさんの巻頭写真も掲載。期待を裏切りません！

天孫降臨の地より、日本の宗教の神髄や幸運を招く生き方など、私たちが腑に落としておくべきたくさんのことが教示されています。

分水嶺に立つ幣立神宮／十七日の祈願祭同床鏡殿の御神勅／五色人祭は世界の祭／日本の建国とは／天孫降臨は歴史的事実／ニニギの尊が託された３つの言葉／金鵄発祥の霊地／神武天皇、出立の地／「ムスビ」は魂の出合い／天孫降臨の地より／「人に優しい」とは／日本における神～子どもを神様として育てる／日本の宗教の神髄／幸運を招く生き方／天の浮き雲に乗りて／天降りとは／ニギの尊の陵墓／日本の歴史観／高天原の神様からのお告げ

本体1429円

今日から始める
節エネ＆エコスパイラル

飽本一裕

エコスパイラル生活とは、元手なしで楽しめる、地球と人のための便利な暮らし方です。省エネ・エコ生活で環境を改善しながら利益を上げ、その利益で様々なエコ製品を購入し、さらに環境を改善しながらますます利益を上げる――、好循環な暮らしの具体的な方法をご紹介。「高次元の国 日本」著者の待望の新刊。エコ便利帳としても大活躍！

食料自給率が低くても／鳥インフルエンザや口蹄疫が意味するもの／中・小食は人にやさしい／農業の効率化／各自治体に集団農場があると？／地球と家計を守るエコスパイラル技術／マイカーでの節エネ：エコドライブの達人へ／節電スパイラル／冷暖房関係の節エネ／ガスの節約スパイラル／お風呂でできる節約／住宅選びのポイント／節水スパイラル／お風呂での節水／台所での節水／我が家のエコスパイラルの進行状況と『見える化』の大切さ／擁壁とゴミのゼロエミッション／ログハウス／バイオトイレ／家庭菜園という重要拠点／コンポスト／雨水タンク／好循環ハウス／食生活のエコスパイラル：生ゴミも食費も減らして健康になる方法／エコ料理大作戦／伝統食を食べ、食費を月１万円に節約して健康になろう！／食用油を使い切る方法／後片付けの各種テクニック／エコ生活のレベルアップ：中級編／エコ生活の上級編（他）

本体1429円

天皇家とユダヤ
失われた古代史とアルマゲドン

飛鳥昭雄×久保有政

世界終焉フラグ、消えず……。

教義や宗派の壁を超えるパラダイム・シフトで実現した新次元対談。偶然性で理解することは不可能となった日本と古代ユダヤの共通性が示す謎の鍵。

神道に隠された天皇家の秘密は、新次元の対談を通じていよいよ核心に迫り、2014年以降も世界終焉シナリオが続くという驚くべき可能性を示した！

「サイエンスエンターテイナー」を自他共に認識する飛鳥昭雄氏と「日本ユダヤ同祖論」でセンセーショナルな持論を展開し人気を博す久保有政氏。この二人がこのテーマで語りだすならば、場のテンションは上昇せざるを得ないだろう。なぜならメディアで通常語られることのない極秘情報が次々と飛び出していくからだ……。

本体1500円

人類が変容する日

エハン・デラヴィ

意識研究家エハン・デラヴィが、今伝えておきたい事実がある。
宇宙創造知性デザイナーインテリジェンスに迫る！

宇宙を巡礼し、ロゴスと知る——わたしたちの壮大な冒険はすでに始まっている。取り返しがきかないほど変化する時——イベントホライゾンを迎えるために、より現実的に脳と心をリセットする方法とは？　そして、この宇宙を設計したインテリジェント・デザインに秘められた可能性とは？　人体を構成する数十兆の細胞はすでに、変容を開始している。

第一章　EPIGENETICS《エピジェネティクス》
「CELL」とは？／「WAR ON TERROR」——「テロとの戦い」／テンション（緊張）のエスカレート、チェスゲームとしてのイベント／ＤＮＡの「進化の旅」／エピジェネティクスとホピの教え／ラマルク——とてつもなくハイレベルな進化論のパイオニア／ニコラ・テスラのフリーエネルギー的発想とは？／陽と陰——日本人の精神の大切さ／コンシャス・エボリューション——意識的進化の時代の到来／人間をデザインした知性的存在とは？／人類は宇宙で進化した——パンスペルミア説とは？／なぜ人間だけが壊れたＤＮＡを持っているのか？／そのプログラムは、３次元のためにあるのではない／自分の細胞をプログラミングするとは？／グノーシス派は知っていた——マトリックスの世界を作ったフェイクの神／進化の頂上からの変容（メタモルフォーゼ）他

聖蛙の使者ＫＥＲＯＭＩとの対話

水守啓（ケイミズモリ）著

行き過ぎた現代科学の影に消えゆく小さな動物たちが人類に送る最後のメッセージ。
フィクション仕立てにしてはいても、その真実性は覆うべくもなく貴方に迫ります。「超不都合な科学的真実」で大きな警鐘を鳴らしたケイミズモリ氏が、またも放つ警醒の書。

（アマゾンレビューより）軒先にたまにやってくるアマガエル。じっと観察していると禅宗の達磨のような悟り澄ました顔がふと気になってくるという経験のある人は意外と多いのではないか。そのアマガエルが原発放射能で汚染された今の日本をどう見ているのか。アマガエルのユーモアが最初は笑いをさそうが、だんだんその賢者のごとき英知に魅せられて、一挙に読まずにはおれなくなる。そして本の残りページが少なくなってくるにつれ、アマガエルとの別れがつらくなってくる。文句なく友人に薦めたくなる本である。そして、同時に誰に薦めたらいいか戸惑う本である。ひとつ確実なのは、数時間で読むことができる分量のなかに、風呂場でのカエルの大音量独唱にときに驚き、ときに近所迷惑を気にするほほえましいエピソードから、地球と地球人や地底人と地球人との深刻な歴史までが詰め込まれていて、その密度に圧倒されるはずだということである。そして青く美しい惑星とばかり思っていた地球の現状が、失楽園によりもたらされた青あざの如く痛々しいものであり、それ以前は白い雲でおおわれた楽園だったという事実を、よりによってユルキャラの極地の如き小さなアマガエルから告げられる衝撃は大きい。　本体1300円

大麻草解体新書

大麻草検証委員会編

被災地の土地浄化、鬱病やさまざまな難病の特効薬、石油に代わる優良エネルギー、食品としての栄養価の高さ、etc.今、まさに必要な大麻草について、誰にでも分かりやすく、とても読みやすくまとめられた１冊。戦後、アメリカに押しつけられた大麻取締法という悪法から私たち日本の国草を、いかに取り戻せるかをおおぜいの有識者と考える。

（読者からの感想文）本書のタイトルから受ける第一印象は、ちと堅すぎる。しかし、大麻草に関する多彩な論客などがはじめて揃い、国民会議なる集まりが持たれ、その内容を漏らすことなく、著書として出版されたことは、極めて画期的なことと評価したい。つまり、本書では、有史以来、大麻草が普段の生活において、物心両面に果たしてきた有効性を、戦後は封印されてきたとされ、人間の諸活動にはあらゆる面で本来的に有用と論じている。われわれは、意識・無意識を問わず、大麻草は悪いものと刷りこまれてきたんだ。これでは、余りに大麻草がかわいそう。なぜ、そのようになってしまったのか、を理解する前に、まず本書part２あたりから、読み始めてはどうだろう。また高校生による麻の取り組みは、これからの国造りを期待してしまいそう。戦後におけるモノ・カネに偏り過ぎた国家のあり方を、大麻草が解体していく起爆剤となりうること、それで解体新書なのだろう。必読をお薦めしたい。

本体1429円

医療大麻の真実
マリファナは難病を治す特効薬だった!

銀座東京クリニック院長　福田一典

諸外国において、その治癒効果が認められ活用されている大麻。大麻が多くの病気に効果があることには、すでに膨大な証拠があります。がんやALS(筋萎縮性側索硬化症)、緑内障や喘息、てんかん等の様々な病気の治療に効果が高い大麻が使えない現実を変えていくには?

昨今、先進国では医療大麻が急速に合法化されています。

本書では、大麻の成分がもたらす病状改善のメカニズムや実験報告と臨床例を多く掲載。その有効性と安全性は高く実用的で、現状を打破すれば身近な医療機関でも大麻による治療が可能となるのです。

英語圏の論文や最新事例を元に、現役日本人医師がその有効性を検証しています。次世代医療に不可欠な大麻を多角的に知る機会を与えてくれる、入門者から医師まで必携の書です。

第1章 大麻の医療使用の歴史 1830年代に英国で大麻の医療利用が始まった
第2章 大麻はタバコや酒よりも害が少ない
第3章 大麻草成分に反応する体内システム
第4章 がん治療と医療大麻
第9章 大麻取締法第四条:大麻の医療使用の禁止

本体2200円